U0191023

诺贝尔经济学奖经典文库

纳什精要

博弈论创始人精粹与自传

THE ESSENTIAL JOHN NASH

［美］ 哈罗德 W. 库恩（Harold W. Kuhn） 编
西尔维娅·纳萨尔（Sylvia Nasar）

彭剑 译

机械工业出版社
China Machine Press

图书在版编目（CIP）数据

纳什精要 /（美）哈罗德 W. 库恩（Harold W. Kuhn），（美）西尔维娅·纳萨尔（Sylvia Nasar）编；彭剑译 . —北京：机械工业出版社，2018.8
（诺贝尔经济学奖经典文库）

书名原文：The Essential John Nash

ISBN 978-7-111-60455-6

I. 纳… II. ① 哈… ② 西… ③ 彭… III. 博弈论－文集 IV. O225-53

中国版本图书馆 CIP 数据核字（2018）第 149518 号

本书版权登记号：图字 01-2014-0345

纳什精要

出版发行：机械工业出版社（北京市西城区百万庄大街 22 号　邮政编码：100037）

责任编辑：岳小月　　　　　　　　　　　　　　责任校对：殷　虹

印　　刷：北京文昌阁彩色印刷有限责任公司　　版　　次：2018 年 8 月第 1 版第 1 次印刷

开　　本：170mm×242mm　1/16　　　　　　　印　　张：16.5

书　　号：ISBN 978-7-111-60455-6　　　　　　定　　价：79.00 元

凡购本书，如有缺页、倒页、脱页，由本社发行部调换

客服热线：（010）68995261　88361066　　　　投稿热线：（010）88379007

购书热线：（010）68326294　88379649　68995259　　读者信箱：hzjg@hzbook.com

版权所有·侵权必究

封底无防伪标均为盗版

本书法律顾问：北京大成律师事务所　韩光 / 邹晓东

目　录

丛书序一

厉以宁　北京大学教授

机械工业出版社经过长期的策划和细致的组织工作，推出了"诺贝尔经济学奖经典文库"。该丛书预计出版经济学获奖者的专著数十种，精选历届诺贝尔经济学奖获得者的代表性成果和最新成果，计划在三四年内面世。我以为这是国内经济学界和出版界的一件大事，可喜可贺。

要知道，自从20世纪70年代以来，世界经济学领域内名家辈出，学术方面的争论一直不断，许多观点令经济学研究者感到耳目一新。这既是一个怀疑和思想混乱的时期，也是一个不同的经济学说激烈交锋的时期，还是一个经济学家不断探索和在理论上寻找新的答案的时期。人们习惯了的经济生活和政府用惯了的经济政策及其效果都发生了巨大的变化，经济学家普遍感到有必要探寻新路，提出新的解释，指明新的出路。经济学成为各种人文学科中最富有挑战性的领域。难怪不少刚刚步入这个领域的经济学界新人，或者感到困惑，或者感到迷茫，感到不知所措。怎样才能在经济学这样莫测高深的海洋中摆对自己的位置，了解自己应当从何处入门，以便跟上时代的步伐。机械工业出版社推出的这套"诺贝尔经济学奖经典文库"

等于提供了一个台阶，也就是说，这等于告诉初学者，20世纪70年代以来荣获诺贝尔经济学奖的各位经济学家是怎样针对经济学中的难题提出自己的学说和政策建议的，他们是如何思考、如何立论、如何探寻新路的。这就能够给后来学习经济学的年轻人以启发。路总是有人探寻的，同一时期探寻新路的人很多，为什么他们有机会进入经济学研究的前沿呢？经济学重在思考、重在探索，这就是给后来学者最大的鼓励、最重要的启示。

正如其他人文科学一样，经济学研究也必须深入实际，立足于实际。每一个新的经济观点的提出，每一门新的经济学分支学科的形成，以及每一种新的研究和分析方法的倡导，都与实际有关。一个经济学家不可能脱离实际而在经济学方面有重大进展，因为经济学从来都是致用之学。这可能是经济学最大的特点。就以"诺贝尔经济学奖经典文库"所选择的诺贝尔经济学奖获得者的著作为例，有哪一本不是来自经济的实践，不是为了对经济现象、经济演变和经济走向有进一步的说明而进行的分析、论证、推理？道理是很清楚的，脱离了经济的实际，这些分析、论证、推理全都成了无根之木、无源之水。

与此同时，我们还应当懂得这样一个道理，即经济学的验证经验是滞后的，甚至可以说，古往今来凡是经济学中一些有创见的论述，既在验证方向是滞后的，而在同时代涌现的众多看法中又是超前的。验证的滞后性，表明一种创新的经济学研究思路也许要经过一段或短或长的时间间隔才能被变化后的形势和经济的走向所证实。观点或者论述的超前性，同样会被经济的实践所认可。有些论断虽然至今还没有被完全证实，但只要耐心等待，经济演变的趋势必然迟早会证明这些经济学中的假设——都会被人们接受和承认。回顾 20 世纪 70 年代以来的诺贝尔经济学奖获得者的经历和学术界对他们著作评价的变化，难道不正如此吗？

经济学同其他学科（不仅是人文学科，而且也包括自然学科）一样，实际上都是一场永无止境的接力赛跑。后人是幸运的，为什么？因为有一代又一代前人已经在学科探索的道路上作了不少努力。后人总是在前人成就的基础上更上一层楼，即使前人在前进过程中有过疏漏，有过判断的失误，那也不等于后人不能由此学习到有用的知识或得出有益的启示。

我相信，机械工业出版社隆重推出的"诺贝尔经济学奖经典文库"会使越来越多的中国人关注经济学的进展，促进中国经济学界的研究的深化，并为中国经济改革和发展做出自己的贡献。

2014 年 9 月 21 日

丛书序二

何　帆　中国社会科学院

20世纪，尤其是20世纪后半叶，是经济学家人才辈出的时代。诺贝尔经济学奖（全称是瑞典中央银行纪念阿尔弗雷德·诺贝尔经济学奖）由瑞典中央银行于其成立300周年的时候设立，并于1969年首次颁奖。这一奖项被视为经济学的最高奖。截至2014年，共有75名经济学家获奖。

我们当然不能仅仅以诺贝尔奖论英雄。有些经济学家英年早逝，未能等到获奖的机会。诺贝尔经济学奖主要是授予一个领域的代表人物的，但有些领域热门，有些领域冷门，博弈论是发展最为迅猛的一个领域，研究博弈论的经济学家有很多高手，可惜不能都登上领奖台。有时候，诺贝尔奖的授奖决定会引起争议，比如1974年同时授给左派的缪尔达尔和右派的哈耶克，比如2013年同时授予观点相左的法玛和席勒。尽管同是得奖，得奖者的水平以及学术重要性仍存在较大的方差。但是，总体来看，可以说，这75位经济学家代表了20世纪经济学取得的重大进展。

经济学取得的进步是有目共睹的。经济学发展出了一套系统的分析框架，从基本的假设出发，采用严密的逻辑，推导出清晰的结论。受过严格训练的经济学家会发现和同行的学术交流变得非常方便、高效，大家很快就能够知道观点的分歧在哪里，存在的问题是什么；经济学形成了一个分工细密、门类齐全的体系。微观经济学、宏观经济学和经济计量学是经济学的旗舰，后面跟着国际经济学、发展经济学、产业组织理论等主力，以及法律经济学、实验经济学、公共选择理论等新兴或交叉学科；经济学提供了一套规范而标准化的训练，不管是在波士顿还是上海，是在巴黎还是莫斯科，甚至是在伊朗，学习经济学的学生使用的大体上是同样的教材，做的是同样的习题。从初级、中级到高级，经济学训练拾级而上，由易入难，由博转精；经济学还值得骄傲的是，它吸收了最优秀的人才，一流大学的经济系往往国际化程度最高，学生的素质也最高；在大半个世纪的时间里，经济学成为一门显学，经济学家对经济政策有重大的影响，政府部门和国际组织里有经济学家，大众媒体上经常见到活跃的经济学家，其他社会科学的学科经常会到经济学的殿堂里接受培训，然后回到自己的阵地传播经济学的火种。

但是，我们也不得不指出，经济学发展到今天，遇到了很多"瓶颈"，创新的动力明显不足。经济学百花齐放、百家争鸣的时代似乎已经过去，整齐划一的研究变得越来越单调乏味。有很多人指责经济学滥用数学，这种批评有一定的道理，但并没有击中要害。经济学使用的是一种非常独特的数学，即极值方法。消费者如何选择自己的行为？他们在预算的约束下寻找效用的最大化。企业如何选择自己的行为？它们在资源的约束下寻找利润的最大化。政府如何选择自己的行为？它们在预算的约束下寻找社会福利函数的最大化。经济学的进步，无非是将极值方法从静态发展到动态，从单个个体的最大化发展到同时考虑多个个体的最大化（博弈论），从确定条件下的极值发展到不确定下的极值，等等。其他学科，比如物理学、生物学也大量地使用数学工具，但它们所用的数学工具多种多样，变化极快，唯独经济学使用的数学方法仍然停留在原地。

经济学遇到的另一个问题是较为强烈的意识形态色彩。经济学家原本也是各执一词，争吵激烈，大家谁也说服不了谁，最后还是要"和平共处"。20世纪70年代之后，经济学不仅在研究方法上"统一"了，思想上也要"统一"，经济学界对异端思想表现得格外敏感，如果你跟主流的思想不一致，很可能会被边缘化，被发配到海角天涯，根本无法在经济学的"部落"里生存。这种力求"统一思想"的做法在很大程度上损害了经济学的自我批判、自我更新。

经济学常常被批评为社会科学中的"帝国主义者"，这不仅仅是因为经济学的研究方法经常会渗透到其他学科，更主要的是因为经济学和其他社会学科的交流并非双向而平等的，别的学科向经济学学习的多，而经济学向其他学科学习的少。经济学变得日益封闭和自满，讨论的问题"玄学"色彩越来越浓厚，往往是其他学科，甚至经济学的其他领域的学者都不知道讨论的问题到底是什么意思，于是，经济学和其他学科的交流就更加少，陷入了一个恶性循环。

科学的发展离不开现实的挑战。20世纪中叶经济学的大发展，在很大程度上是对20世纪30年代的大萧条，以及战后重建中遇到的种种问题的回应。20世纪70年代的滞胀，引起了经济学的又一次革命。如今，我们正处在全球金融危机之后的新阶段，经济增长前景不明，金融风险四处蛰伏，收入分配日益恶化，这些复杂的问题给经济学家提出了严峻的挑战，经济学或将进入一个反思、变革的新阶段，有可能迎来一次新的"范式革命"，年轻一代学者将在锐意创新的过程中脱颖而出。

创新来自继承，也来自批判。机械工业出版社拟推出"诺贝尔经济学奖经典文库"，出版获得诺贝尔奖的学者的各类著作，其中既有精妙深奥的基础理论，又有对重大现实问题的分析，还有一些是经济学家们对自己成长道路的回忆。有一些作者是大家耳熟能详的，也有一些是过去大家了解不多，甚至已经淡忘的。这将是国内最为齐全的一套诺贝尔经济学奖得主系列丛书，有助于我们对 20 世纪的经济学做出全面、深入的了解，也有助于我们站在巨人的肩头，眺望 21 世纪经济学的雄伟殿堂。

2014 年 12 月 12 日

译 者 序

约翰 F. 纳什是 20 世纪最具原创精神的数学家之一，他最为人知的研究与博弈论有关，此外，他还在微分几何、实代数几何和偏微分方程等方面做出了极为重要的基础性贡献。他正式出版的著作由 15 篇论文组成：其中 5 篇与博弈论有关，其余 10 篇则是纯数学，这些论文基本上写成于 1949～1959 年这 10 年间。本书收录的论文涉及纳什在其中做出早期重要贡献的领域，如六连棋、谈判问题、多人博弈的平衡点、非合作博弈（纳什博士论文）、双人合作博弈、并行控制、实代数流形、黎曼流形的嵌入问题、抛物线方程与椭圆方程解的连续性。这些成就完美诠释了纳什为什么会被称为"20 世纪下半叶最非凡的数学家"。

纳什 31 岁之前的人生经历辉煌且顺利，然而此后却因患上精神分裂症而过了 25 年与学术活动隔绝的痛苦生活。不过，世间的人和事当中又有着许多的幸运。他妻子艾丽西亚陪伴他度过了人生中这段漫长的黑暗岁月，并且在许多朋友、同事的不懈努力下，诺贝尔奖委员会最终认可了纳什在非合作博弈领域的贡献而授予他 1994 年诺贝尔经济学奖，这之后纳什当选了美国国家科学院院士，并获得了美国数学协会颁发的"斯蒂尔奖"，以及许多精神健康组织颁发的典范性康复奖项。对纳什思想和成就的这些认可，成了治疗他精神疾病的良方并使他回归社会和数学，同时在某种程度上将他变成了一个文化英雄。本书并非一部"完整的学术著作"，而是希望将约翰·纳什在博弈论和纯数学方面的最重要论文介绍给更多读者，使读者了解纳什贡献的多样性。另一方面，对纳什生平及学术活动轨迹的描述有助于读者了解这一多样性。

"别人通常会寻找某处山间小路爬到山顶，而纳什则会完全爬上另一座山，并站在远处的山峰用一束探照灯的光来照亮第一座山峰。"尽管纳什陷入过深深的黑暗，但他的思想和成就却始终非常活跃且极具影响力，他的名字越来越频繁地出现在经济学、生物学、数学以及政治学等领域的期刊和教科书中，如"纳什均衡""纳什谈判解""纳什规划""德乔治-纳什结果""纳什嵌入""纳什-莫泽理论""纳什破裂"等。他对博弈论的早期研究成果于 20 世纪 80 年代渗入了经济学，并帮助包括实验经济学在内的学科开创了许多新的领域；他在纯数学领域的贡献（如黎曼流形的嵌入、抛物线与椭圆偏微分方程解的存在性）为取得新的重要进展扫清了道路。纳什的成功证明，精神疾病不应也不会妨碍一个人取得极致的科学成就并获得应有的荣誉，除了竭尽全力，我们并不需要担心很多。

纳什的传奇一生和卓越成就鼓舞人心。

彭剑

前　言

哈罗德 W. 库恩

我认识约翰·纳什已有 50 多年。我们于 20 世纪 40 年代末在一起读研究生，虽然他后来去了麻省理工学院（MIT），但我们从未完全失去过联系。即使今天，我们在普林斯顿大学数学系的办公室也仍然在费恩大厅的同一层。作为他的朋友和同事，我非常高兴能够与他的自传作者西尔维娅·纳萨尔一起合作编辑本书。

从他早期的辉煌经历到随后长达数十年的精神疾病，再到后来他的生活因 1994 年获得诺贝尔经济学奖而改变，纳萨尔对本书的精彩介绍带我们领略了纳什的科学人生。我认为，使他从深深的绝望里走出来并重返他原本应属于的那个科学世界，这个决定性的时刻于 1994 年 10 月到来，地点就在普林斯顿高等研究院一座极简主义的日式喷泉前，就在那条长椅那里。

纳什和我刚参加完赫尔伯特 S. 维尔夫主办的一个"超几何函数标识生成"研讨会。早些时候我曾给纳什打过电话，并约他在研讨会结束后共进午餐，但我未透露我的真实目的。我在 7 个月前就已获悉，纳什几乎铁定会因为"非合作博弈在现代经济学理论中的核心作用"而与人分享诺贝尔经济学奖。我们想尽办法拍了他的一组照片并收集了他的一份简历，同时在普林斯顿大学为他安排了一个名义上的研究职位，然后各种支撑材料被发往了斯德哥尔摩。另外，在普林斯顿大学新闻发言人杰姬·萨瓦尼的积极支持下，第二天的新闻发布会也准备就绪。我三天前得知，瑞典皇家科学院社会学部已经一致同意授予纳什诺贝尔经济学奖，并允许我将这一重大消息告诉纳什。我已经告知艾丽西亚·纳什将这一天空出来不要工作，并要求她发誓保守秘密。

所以，当我们坐在那条长椅上，享受着和煦秋日和研究院那片树林的壮丽时，我告诉约翰，他应该在第二天早上6:30起来接听诺贝尔奖基金会秘书长卡尔奥尔夫·雅各布森的电话，雅各布森先生会通知他将与人分享纪念阿尔弗雷德·诺贝尔的经济学奖。约翰听到这个消息时非常平静，好像他的儿子约翰·戴维·施蒂尔给他发来了《波士顿环球报》的一篇报道，该报道说他在争取该奖项，并说他唯一的障碍是担心自己的精神疾病可能导致令瑞典国王感到尴尬的行为。他似乎对奖金由三方分享、税后净额没那么多这一点更在乎。

我们随后回去吃午餐，在多次表示反对后，纳什最终还是在那里和杰姬·萨瓦尼见了一面，但纳什拒绝讨论可能会在第二天新闻发布会上被问到的任何问题。新闻发布会进行得非常顺利，这在很大程度上要归功于纳什极强的幽默感，这种幽默感用平静但却有逻辑的回答避开了那些探听他私人生活的问题。在宣布获奖的当天早上，他躲开记者并接受邀请来参加我的本科生课程，我们正开始讲授"博弈论"一节。这是一个令那些学生难忘的早晨。

认可是治疗许多疾病的良方，虽然纳什的精神疾病在1994年之前的那些年逐渐得到缓解，但他进入一个新的人生时期的标志却是他被宣布获得诺贝尔奖。奖金虽不少（但在美国需要缴税，这一点令大多数美国的诺贝尔奖得主都感到不解），但这样的认可来得太迟了。

虽然纳什是 20 世纪最具原创精神的数学家之一，但造成这一耽搁的原因却很容易理解。他正式出版的著作由约 15 篇论文组成，其中 5 篇与博弈论有关，其余 10 篇则是纯数学论文，这些论文基本上写成于 1949～1959 年的 10 年间。在过去 40 年里，他出版的著作非常少，许多重视他早期研究的人以为他已不在人世了。众所周知的事实是，他患上了严重的精神分裂症，在普林斯顿学术社区附近过着安静的隐居生活，他的妻子艾丽西亚·纳什给了他身体上和情感上的照顾。

在过了 25 年多与学术活动隔绝的生活之后，纳什开始走出精神疾病的阴影，许多朋友和同事也开始给予他应得的各种奖励。1993 年，在彼得·萨纳克（Peter Sarnak）和路易斯·尼伦伯格（Louis Nirenberg）的鼓动下，我和他们一起收集和编辑了一本纳什纪念文集，该文集收录了纳什做出早期重要贡献的那些领域的论文。多年来，许多受邀提名诺贝尔经济学奖获奖者的经济学家一直在推荐纳什，1994 年，他们的努力终于开花结果。在获得诺贝尔奖之后，各种荣誉从四面八方涌来。他当选了美国国家科学院院士，当选辞中这样写道："纳什最为人所知的是博弈论方面的研究，但他还做出了极为重要的基础性贡献，这些贡献对微分几何、实代数几何以及偏微分方程产生了深远影响。"他因为开创性的贡献被美国数学协会授予了"斯蒂尔奖"（Steele Prize），部分颁奖词这样写道："这是 20 世纪数学分析领域取得的最伟大成就之一。"他收到了卡内基梅隆大学和雅典大学的荣誉学位，以及许多精神健康组织为他颁发的典范性康复奖项。

在准备本书的过程中，西尔维娅·纳萨尔和我都希望通过将约翰·纳什在博弈论和纯数学方面最重要的贡献介绍给更多读者，来扩大这种认可的范围。另外，我们认为，通过这种形式我们一方面能缩小经济学家们的分歧，另一方面也能缩小纯数学家们的分歧，他们中的每一位都只认识到了纳什科学贡献的一部分。本书并非一部"完整的著作"，我们两人都希望约翰·纳什在他当前的研究领域取得进展，并希望在将来看到他有更多的重要著作问世。

致 谢

西尔维娅·纳萨尔和我要感谢普林斯顿大学出版社团队，他们的共同志趣令人惊讶。我们要感谢他们的耐心、技能，更重要的是，要感谢他们富有感染力的热情。特别地，我们要感谢：琳妮·申克（Linny Schenck），她悉心地引导了整个出版过程；特蕾茜·鲍德温（Tracy Baldwin），她为本书设计了一种非常特别的外观；格雷迪·克莱恩（Grady Klein），他为我们提供了一个有灵感的图书封面；还有维奇·科恩（Vickie Kearn）和彼得·多尔蒂（Peter Dougherty）自始至终的冷静组织。祝全体编辑好运！

我们还应感谢约翰·纳什、艾丽西亚·纳什、玛莎·莱格（Martha Legg）和约翰·戴维·施蒂尔所做出的贡献，以及阿维纳什·迪克西特（Avinash Dixit）的诸多有益建议。对我们来说，与老朋友一起工作并结交新朋友一直是最有价值体验的最精彩部分。

纳什简介⊖°

西尔维娅·纳萨尔

20世纪90年代初的某一天，当物理学家弗里曼·戴森（Freeman Dyson）在高等研究院和约翰 F. 纳什打招呼时，他几乎没预料到会有回应。从20多岁起，一代数学传奇纳什承受了长达数十年的灾难性精神疾病的折磨。一位沉默寡言、幽灵般的人物，在黑板上潦草地写下一连串神秘信息，并终日做着数字统计方面的计算。在普林斯顿大学的圈子里，纳什被称为"幽灵"。

令戴森惊讶的是，纳什做出了回应。他说他在新闻中见过戴森的女儿，知道她是一位计算机方面的权威。戴森回忆道："这太棒了，他开始慢慢苏醒了。"

纳什从一种长期以来被认为是判了无期徒刑的疾病中奇迹般恢复了，这既不是他非凡生活的第一次惊喜转折，也绝不会是最后一次。

这位非同寻常的、有着电影明星般面孔和神一样行为的西弗吉尼亚人，在1948年引爆了数学界。一封只有一行字的推荐信这样向普林斯顿大学精英数学系介绍

⊖ 在描述约翰·纳什对经济学和数学的贡献时，我引用了阿维纳什·迪克西特、约翰·米尔诺（John Milnor）、阿里尔·鲁宾斯坦（Ariel Rubinstein）以及传记——《美丽心灵》中的文章。阿维纳什·迪克西特和哈罗德·库恩对我的草稿给出了友好的评论。当然，如果有误的话，那是我个人的问题。

这位 20 多岁的年轻人："此人是个天才。"一年多后，纳什就写出了日后为他赢得诺贝尔经济学奖的那篇著名的 27 页论文。

在接下来的 10 年里，纳什令人震惊的成就和华丽的行为使他成了数学界的名人。在 20 世纪 50 年代初结识纳什的数学家唐纳德·纽曼（Donald Newman）称他为"一个坏男孩，但很伟大"。普林斯顿大学研究生劳埃德·沙普利（Lloyd Shapley）谈及纳什时这样说道："清晰而富有逻辑的美丽心灵补偿了他。"

痴迷于原创性、藐视权威、极其自信，纳什闯进了传统的人拒绝踏入的领域。纽曼回忆道："别人通常会寻找某处山间小路爬到山顶，而纳什则会完全爬上另一座山，并在远处的山峰用一束探照灯的光来照亮第一座山峰。"

在 30 岁生日时，纳什似乎拥有了一切：他娶了一位漂亮的年轻物理学家并即将晋升为 MIT 的正教授；《财富》杂志刚刚将他评为新的年青一代数学家中最耀眼的明星之一。

然而不到一年，他的辉煌人生经历戛然而止。因为被诊断患上了偏执型精神分裂症，纳什突然从 MIT 辞职，并在一次想成为世界公民但不切实际的探索中逃往巴黎。接下来的 10 年里，他频繁进出精神病院。到 40 岁时，他失去了一切：朋友、家庭、专业。只有他妻子艾丽西亚用她的慈悲将他从无家可归中拯救了回来。在艾丽西亚的照料和少数忠诚前同事的保护下，纳什常常去普林斯顿校区打发时光，"我是一位伟大且具有神秘重要性的宗教人物"的错觉困扰着他。

尽管纳什失去了梦想，但他的名字却越来越频繁地出现在经济学、生物学、数学和政治学等领域的杂志和教科书中，如"纳什均衡""纳什谈判解""纳什规划""德乔治-纳什结果""纳什嵌入""纳什-莫泽理论""纳什破裂"等。

在普林斯顿大学之外，以纳什研究成果为基础开展研究的学者往往以为他已不在人世。虽然纳什陷入了深深的黑暗之中，但他的思想却非常活跃并变得更具影响力。纳什对纯数学的贡献（如黎曼流形嵌入、抛物线与椭圆偏微分方程解的存在性）为取得新的重要进展扫清了道路。到 20 世纪 80 年代，他在博弈论方面的早期研究渗入了经济学中，并帮助包括实验经济学在内的学科开创了许多新的领域，哲学家、生物学家和政治学家都采纳了他的见解。

纳什思想日益增加的影响不只限于学术界。在博弈论者的建议下，世界各地的许多政府都开始拍卖从石油开采权到无线电频谱的"公共"产品，重组电力市场，以及制定与医生和医院配套的系统。在商学院，博弈论成了管理培训的主要内容。

纳什思想的影响力与纳什暗淡的生存现实之间反差巨大。习以为常的荣誉与他无缘，没有任何大学接受他；实际上，他没有收入。不过，一小部分同时代的人一直承认其著作的重要性。到 20 世纪 80 年代末，这些人的队伍壮大了，一部分年轻学者发起了给予纳什应有承认的运动。他们取得了惊人的成功：1994 年，经过一场激烈的幕后争论和一轮小范围投票之后，瑞典皇家科学院授予了纳什诺贝尔经济学奖，以表彰他在非合作博弈方面的早期研究。他与莱茵哈德·泽尔腾（Reinhard Selten）和约翰 C. 海萨尼（John C. Harsanyi）分享的这个奖项不只是一次知识分子的胜利，它还是那些认为精神疾病不应对获得极致科学荣誉产生阻碍的人的一次胜利。

尽管大多数诺贝尔奖得主在其学科领域备受尊敬，但对广大民众来说，他们仍然是无形的。一次诺贝尔奖很少能深刻改变获奖者的生活，但纳什是个例外。诺贝尔经济学奖委员会主席阿萨·林德贝克（Assar Lindbeck）说道："我们将他带到了黎明并以某种方式使他复活了。"

对纳什思想的认可不仅拯救了这个男人，使他回归社会和数学，而且还在某种程度上将他变成了一个文化英雄。自获得诺贝尔奖之后，这位一生都"总是在思考"的数学家先后成为一篇《纽约时报》简介、一部《美丽心灵》传记、一篇《名利场》杂志文章以及一部百老汇戏剧《证明》中的主角。现在，一部由朗·霍华德（Ron Howard）执导并由罗素·克劳（Russell Crowe）饰演纳什的好莱坞电影，又将他的故事搬上了银幕。

对纳什鼓舞人心的一生及其独有成就的持续颂扬，使人们对他在 20 多岁时发表的具有深远影响的论文产生了新的兴趣。编辑《纳什精要》的目的就是想使广大读者能了解这些论文。该书全面反映了纳什贡献的多样性。读者第一次有机会亲身领悟为什么一个几乎被遗忘的人，却被称为"20 世纪下半叶最非凡的数学家"〇。

***

1948 年，在杜鲁门开始竞选连任的第一天，纳什来到普林斯顿大学，他发现自己忽然处在了数学宇宙的中心。住在校内的 20 世纪神一样的科学人物有爱因斯坦、哥德尔（Godel）及约翰·冯·诺依曼（John von Neumann）。爱因斯坦的一位助手赞叹道："空气中到处都是数学思想和公式。"这是一个令人陶醉的时代。与

〇　米哈伊尔·格罗莫夫，1997 年。

纳什同届的一名研究生回忆道："一种信念是，人脑能用数学思想来解决所有事情。"

有 10 多名一年级的学生显得过分自信，而纳什在这一点上甚至表现得更为突出。他喜欢在公共休息室里争论；他逃课；他很少被看到在用功读书；他不停地走来走去，口里还吹着巴赫的曲子，他在自己的脑海里工作。拓扑学家约翰·米尔诺（John Milnor）当年是名大一新生，他说道："就好像他要亲自重新发现有 300 年历史的数学一样。"纳什一直在寻找一条出名的捷径，他会手拿写字夹板和书写笺，把访问学者们逼得走投无路。米尔诺说道："他对悬而未决的问题非常了解，他真的是在诘问人们。"

他脑子里装满了各种想法。纳什的导师诺曼·斯廷罗德（Norman Steenrod）回忆道：

在他攻读研究生的第一年，他就向我提交了平面简单闭曲线的描述方法，这种方法本质上和威尔德（Wilder）在 1932 年提出的方法完全一样。一段时间后，他根据原始连通性概念设计了一个拓扑学公理系统，我能做的就是建议他去参考华莱士（Wallace）的论文。在他研究生的第二年，他向我展示了一类新同调群的定义，该定义被证明与基于链同伦的赖德迈斯特群（Reidemeister group）定义一致。

***

纳什的第一次数学变革顺理成章地牵涉到了他自己发明的一种游戏。一天下午，冯·诺依曼走进公共休息室，看到两个学生蹲在一个他觉得陌生的游戏板上。"他们那是在玩什么呢?"他后来问一个同事。"纳什,"这位同事回答道,"纳什。"

帕克兄弟(Parker Bros)游戏,是由丹麦数学家皮特·海恩(Piet Hein)独立发明的"六连棋",后来称为"纳什的精彩游戏"。纳什顽皮地尝试数学游戏是更严肃地参与一个新数学分支的前兆(见第3章)。

今天,博弈论语言渗入了社会学,而在1948年,博弈论还是一种在普林斯顿大学费恩大厅风头正劲的全新理论。可以利用游戏来分析战略思维这种观念由来已久。例如,"军旗游戏"(一种盲棋)就曾被用来训练普鲁士军官;为了得出新的数学见解,埃米尔·波莱尔(Emile Borel)、恩斯特·策梅洛(Ernst Zermelo)和雨果·斯坦豪斯(Hugo Steinhaus)等数学家就曾对室内游戏进行过研究。冯·诺依曼在1928年发表的一篇论文对建立博弈论首次进行了正式尝试,他在这篇论文中提出了"战略相互依赖性"的概念。但是,作为一个研究参与者的最佳选择,取决于他人行为时的决策的基本模型,博弈论并没有受到重视,直到第二次世界大战(简称"二战"),英国海军在针对德军潜艇的行动中运用该理论来提高命中率。当冯·诺依曼和普林斯顿大学的经济学家奥斯卡·摩根斯坦恩(Oskar Morgenstern)于1944年出版他们的代表作《博弈论与经济行为》时,社会学家发现,该书作者在书中预测博弈论最终会促进对市场的研究,就像牛顿时代的微积分推动了物理学的发展那样。

普林斯顿大学和普林斯顿高等研究院的纯数学家们都倾向认为,博弈论不过是"最后的狂热"和"落魄者",因为它是应用数学,而非纯数学。但在纳什和他同届的研究生同学眼里,冯·

诺依曼对该领域的兴趣使博弈论即刻有了魔力。

在普林斯顿大学攻读研究生的第一年，纳什参加了阿尔伯特·塔克（Albert Tucker）举办的每周一次的博弈论研讨会，期间他写下了自己的第一篇专业学术论文（现在成了他的经典谈判论文），并遇见了冯·诺依曼和摩根斯坦恩。不过，该论文的基本思想是他在卡内基工学院本科阶段选修唯一一门经济学课程"国际贸易"时提出的。

谈判是经济学中的一个老问题。尽管拥有数百万从未直接接触的买家和卖家的市场在崛起，但个体、公司、政府或工会之间一对一的交易在日常经济生活中仍然十分常见。然而，在纳什之前，经济学家认为双向谈判的结果是由心理状态决定的，因而超出了经济学的范畴。他们没有用来考虑谈判双方的互动方式或利益切分方式的正式框架。

很显然，参与谈判的各方都希望通过合作而不是单独行动获得更多好处。同样很明显的是，交易条款取决于谈判各方的实力。除此以外，经济学家想不出还有其他什么内容，没有人找到可以据其从大量可能结果中选择独特预测的准则。自从埃奇沃思（Edgeworth）1881 年承认"一般解是……非竞争性合同不确定"以来，少有进展。

冯·诺依曼和摩根斯坦恩在他们的著作中提出，"真正了解"谈判在于将双方的沟通定义为一种"策略游戏"。不过，他们也毫无头绪。个中原因很容易明白：现实生活中的谈判者有着相当数量的策略可供选择，从出什么价、何时出价，到要就什么样的信息、威胁因素或承诺进行沟通等。

纳什采用的一种新方法，简单、巧妙地实现了这个过程。他将一笔交易设想为某个谈判过程或者追逐自身利益的个体所采取的独立策略产生的结果。与直接定义一个解不同,他就谈判中的任何收益划分需满足哪些合理条件进行询问。随后,他提出了四个条件假设并运用一个巧妙的数学参数证明:若公理成立,则存在唯一解,使参与者效应的结果最大化。从根本上讲,他的推论是:收益划分方式反映了该交易在多大程度上对各方而言是划算的,以及各方有哪些替代方案。

通过简洁并精确地描述谈判问题,纳什证明了一大类这种问题唯一解的存在性。他的方法成了涵盖诸多领域(如劳动力管理谈判和国际贸易协议)的大量理论文献建模谈判结果的标准方法。

***

自 1950 年以来,纳什均衡(纳什凭借该思想获得诺贝尔经济学奖)已成为"研究一切冲突与合作的分析体系"⊖。

进入普林斯顿大学的第二年年初,纳什就取得了突破,他将该突破向同届研究生同学戴维·盖尔(David Gale)做了描述。后者立即坚决主张纳什以笔记的形式将这一结果提交给《美国国家科学院学报》以"抢得先机"。在该"多人博弈的均衡点"笔记中,为了确定任意有限博弈的随机策略均衡状态必定存在,纳什给出了一大类博弈均衡的一般性定义,并运用角谷静夫(Kaku-tani)不动点定理进行了证明(见第 5 章)。

在与他的论文导师塔克(Tucker)争论数月之后,纳什提交

⊖ 罗杰·迈尔森(Roger Myerson),1999 年。

了一篇优雅简洁的博士论文，这篇博士论文包含了运用布劳威尔（Brouwer）不动点定理进行证明的另一种方法（见第 6 章）。在他的这篇《非合作博弈》论文中，纳什得出了非合作博弈与合作博弈之间的极重要区别，也就是参与者不与任何其他人合作或交流而采取独立行动时的博弈，与参与者有机会共享信息、达成交易以及加入联盟时的博弈之间的区别。纳什的博弈论（特别是他关于此类博弈的均衡概念，现被称为"纳什均衡"），极大地拓展了经济学的边界。

整个社会学、政治学和经济学理论都涉及个体间的互动，每个个体都在追逐自身目标（不管是无私的还是自私的）。在纳什之前，经济学只有一种方法来形象地描述经济行为人之间的互动方式，即非个人市场。亚当·斯密（Adam Smith）等古典经济学者设想所有参与者都认为市场价格超出了其控制范围，并简单地决定要买入多少、卖出多少。通过采取某些手段（如斯密著名的"看不见的手"），可形成实现全面供需平衡的某种价格。

即使在经济学中，市场模型也未能清楚解释有较大能力影响结果的个体之间存在的较少非个人形式互动。例如，即使在拥有庞大买家和卖家的市场中，个体也拥有不为其他人所知的信息，并决定披露或隐藏多少信息，以及如何理解其他人披露的信息。在社会学、人类学及政治学中，市场作为解释机制就更显得力不从心。因此，需要一种新的模型来分析一系列更广泛的策略互动并预测其结果。

纳什的多参与者博弈解概念提供了这样一种替代方案。经济学家通常假设所有个体的行为都是使目标最大化，如罗杰·迈尔森所指出的那样，纳什均衡本质上是对该假设的最一般描述。纳什将非合作博弈形式化地定义为，"使独立采取行动的参与者无法改变其策略，以获取对自身更有利结果的一种策略配置"。如果这种博弈满足对合理个体行为的假设，那结果就必然会是一种纳什均衡。也就是说，如果所预测的行为不满足纳什均衡条件，那必定至少存在一个这样的个体：如果他了解自身最佳利益的话，他就能取得更有利的结果。

从某种意义上来说，纳什通过解除冯·诺依曼和摩根斯坦恩双人零和理论对博弈论的限制，将博弈论与经济学关联起来了。在他撰写自己的论文时，即使兰德公司（RAND）的战略家也对核战争（更不用说"二战"后重建）能被有效建模成一场博弈（其中敌方的损失对另一方来说是净收益）表示怀疑。纳什的洞悉极其重要：大多数社会互动并非纯竞争或纯合作，而是既有竞争也有合作。

站在半个世纪后的角度来看，纳什做的远比这要多。在纳什之后，对合理选择的演算能被应用到市场本身以外的情形，以分析任何社会机构所设立的激励机制。迈尔森关于纳什对经济学影响的有说服力的评价值得一提：

在纳什之前，经济学可用的一个一般性方法是价格理论。价格理论使经济学家能够在某种程度上为实际决策提供极为重要的指导，而任何其他社会学中的学者是不可能做到这一点的。不过，即使在传统的经济学范畴内，价格理论也存在着严重的局限性。例如，个体掌握不同信息时的谈判情形……公司的内部组织……计划经济的缺陷……破坏财产权的犯罪和腐败……

非合作博弈理论所具有的更广泛分析视角，使得实际经济分析摆脱了这些方法的限制。方法的局限性不再阻碍我们同等地考虑市场和非市场体系，不再阻碍我们在经济发展的过程中认识经济、社会及政治体制之间存在的极其重要的相互联系……

通过将非合作博弈理论与价格理论一起作为一种核心分析方法，经济分析又回到了以给经济学命名的古希腊社会哲学家为典型的那种视野广度。[一]

然而，纳什的突破并没有引起冯·诺依曼的重视。当纳什与他会面时，这位匈牙利博学大师却对这位年轻人的研究结果不屑一顾，认为它"微不足道"。他和摩根斯坦恩合著的《博弈论与经济行为》（1953），也仅在前言中勉强提了一下"非合作博弈"。

***

1950 年夏天，纳什怀揣他的博士论文直奔兰德公司这个超级保密的冷战智库。在接下来的四年里，他将参与到"美国空军大脑购买行动"中，随后的每个夏天都要在圣塔莫尼卡（Santa Monica）度过。该行动的成果最终将被用作奇爱（Strangelove）博士的模型。

博弈论被认为是兰德公司对付苏联智力核战争中的秘密武器。一位五角大楼官员当时对《财富》杂志说："我们希望博弈论能够发挥作用，就像我们在 1942 年希望原子弹能够发挥作用一样。"纳什受到了热捧。因社会选择理论而获得诺贝尔奖的肯尼斯·阿罗（Kenneth Arrow）等研究人员，早已对兰德公司"先

[一] 罗杰·迈尔森，1999 年。

入为主地偏向双人零和博弈"感到厌烦。当武器变得更具破坏性时，全面战争不可能被视为一种冲突各方毫无共同利益的纯冲突情况，因此纳什的模型似乎比冯·诺依曼的模型更有希望。

纳什在兰德公司所做的最重要的一项工作可能涉及一项实验。该"实验性多人博弈"实验由包括米尔诺在内的一个小组设计并发布，它提前数十年预见了现在繁荣发展的实验经济学领域。在当时，埃尔文·罗斯（Alvin Roth）指出该项实验是失败的，并对博弈论的预测能力表示怀疑。但是后来，该实验因促使相互作用的两个方面受到重视而进化成了一个模型：第一，它强调了参与者所拥有的信息的重要性；第二，它揭示了参与者的决策通常是由对公平性的关注促成的。尽管该实验比较简单，但它表明，观察人们实际参与博弈的方式使研究人员的注意力转到了并非原始模型一部分的相互作用要素，如信号和隐含的威胁。

因为被兰德公司的计算机强烈吸引，纳什迅速将自己的兴趣从博弈论转向了纯数学。他在圣塔莫尼卡撰写的多篇工作论文中，没有一篇比他在兰德公司最后一个夏天写的题目为《并行控制》的论文更有远见（见第9章）。

***

然而，纳什一心想证明自己是个纯数学家，甚至在他完成博弈论这篇博士论文之前，他就已将自己的注意力转向了几何对象的热门主题——流形。流形在包括宇宙学在内的许多物理问题的研究中发挥了作用。很快，他就取得了他称为"与流形和实代数簇有关的惊人发现"的成果。因为他希望到普林斯顿大学或其他有名望的数学系任教，于是他返回普林斯顿大学进行为期一年的博士后研究，并致力于解决这一困难证明的细节问题。

数学中的许多突破都来自搞清楚那些看起来很棘手的对象与数学家已经确切理解的对象之间的未知联系。纳什摒弃了传统的观点，他认为流形与一种被称为代数簇的更简对象类密切相关。笼统地讲，纳什断言：对任何流形而言，找到某个代数簇并使其中一部分以某种基本方式对应于原始对象是有可能的。为此，他证明人们的研究必须转向更高维度。

纳什的理论最初遭到了怀疑，专家认为每种流形都能用一个多项式方程组来描述这一概念难以置信。"我认为他不会成功。"纳什在普林斯顿大学的导师说道。

纳什在 1951 年秋完成了他最得意的论文《实代数流形》，这是唯一一篇他认为接近完美的论文（见第 10 章）。该论文的重要性立刻得到了承认。MIT 的数学家迈克尔·阿廷（Michael Artin）说道："去想象该定理的意义非凡吧。"阿廷与纳什在 MIT 的一名学生巴里·梅热（Barry Mazur）随后利用纳什的结论解决了动力学中的一个基本问题——周期点估计。阿廷和梅热证明，某个紧致流形到其自身的任何光滑映射可用一个周期为 p（周期点数量最多呈 p 指数增长）的平滑映射来近似计算。该证明离不开纳什将动力学问题转换为其解依赖于多项式方程的某个代数问题的工作。

***

尽管如此，纳什希望在普林斯顿大学任教的想法也没能实现。反倒是 MIT 为他提供了一个职位，MIT 在当时还只是一所美国领先的工程学校，还不是它日后已成为的伟大的研究型大学。

1995 年，纳什在芝加哥大学向一群持怀疑态度的听众公布了一项令人震惊的结果。他宣布："我做这个是因为一次打赌。"

MIT 的一名同事在两年前向他发出挑战："你既然这么优秀，为什么不去解决嵌入问题呢？"当纳什接受这项挑战并宣布"他已经从模数细节上解决了这个问题"时，剑桥大学却一致认为"他毫无进展"。

纳什提出了"能在某个欧几里得空间嵌入任何黎曼流形吗"这样一个精确问题，这一难题困扰了杰出数学家们整整 75 年。

数学家的研究兴趣在 20 世纪 50 年代初已经转向了更高维的几何对象，这是因为爱因斯坦相对论中的扭曲时空关系在其中部分地发挥了重要作用。嵌入意味着将一个特定几何对象作为某个可能的更高维空间的子集，同时保持该对象的基本拓扑属性不变。以气球的二维表面为例，你不能将它放入同样是二维的某块黑板上，但你能使其成为某个三维或更高维空间的一个子集。

发现了超实数的普林斯顿大学数学家约翰·康威（John Conway）称纳什的结论为"20 世纪最重要的数学分析之一"。纳什的定理提到，嵌入了某个特殊平滑度概念的任何表面，实际上都能被嵌入某个欧几里得空间中。他证明了本质上你可以无扭曲地将类似于手帕的流形进行折叠。没人预料到纳什的定理会是真实的，事实上，第一次听到这个结论的大多数人都不相信它会是真的。"对这些问题发起攻击需要巨大的勇气。"在 MIT 与纳什结识的数学家保罗·科恩（Paul Cohen）这样说道。

在《数学年刊》发表《黎曼流形的嵌入问题》一文（见第 11 章）之后，偏微分方程的早期观点被彻底改变了。"我们中的许多人都有阐述现有思想的能力，"其研究受到纳什影响的几何学者米哈伊尔·格罗莫夫（Mikhail Gromov）说道，"我们遵循着他人开创的道路，但我们中的大多数人却未能做出任何可与纳什成就相提并论的东西。他的成就就像一道引人注目的闪电……由协调向混沌发展的某种趋势在最近数十年里一直存在，纳什认为这些混沌就在眼前。"

***

在 1956～1957 学年，纳什名义上从 MIT 转到了普林斯顿高等研究院，但他却被"美国应用数学分析之都"——纽约大学科朗研究院（Courant Institute）所吸引。

科朗研究院当时位于格林尼治村华盛顿广场附近的一座废弃帽子厂，一群年轻数学家为"二战"所刺激的偏微分方程的迅速发展负起了责任。从经过喷气式飞机机翼下方的气流，到通过金属传递传导的热量，此类方程在建模广泛的物理现象方面非常有用。到 20 世纪 50 年代中期，数学家掌握了利用计算机来求解通用偏微分方程的简单步骤，但仍然缺乏对描述大规模突变可能有用的大多数非线性偏微分方程的直接求解方法。

斯塔尼斯拉夫·乌拉姆（Stanislaw Ulam）抱怨此类方程组"分析起来十分困难"，同时指出，他们甚至"因目前的方法而无法进行定性了解"。

纳什运用自己发明的新方法证明了本地基础解的存在性、唯一性和连续性定理，同时还对这些定理与统计学机制、奇异点和扰动性的关系进行了推测。他认为从正面直接入手解决不了深层次的问题。他采用了一种巧妙的迂回方法，首先将非线性方程转换为了线性方程，然后用非线性方法来求解这些线性方程。今天，华尔街的股市分析高手用来求解金融问题中出现的一类特殊抛物线偏微分方程的方法，就是受到了纳什的启发。

当纳什在第二年秋天回到 MIT 时，该证明仍存在缺陷。纳什组织了一批数学家来帮他做好该论文的出版准备工作，其中一名数学家后来说："就好像他是一位作曲家，能听懂音乐但却不知如何将它写下来，就像建造原子弹……一类工厂。"完整的证明在1958 年以《抛物线方程与椭圆方程解的连续性》（见第 12 章）为题发表。

***

在临近 30 岁生日时，纳什似乎准备好了做出更多突破性的贡献。他给同事们描述与整个数学中最有深度的难题——与黎曼假设解有关的"一个接一个的想法"。他开始着手按他在研究生一年级时向爱因斯坦描述的路线"修改量子理论"。在 1957 年写给奥本海默（Oppenheimer）的信中，纳什说道："我认为，海森堡（Heisenberg）论文最棒的一点是对可观测物理量进行了限制……

我希望在不可观测的实际情况方面有不同且更令人满意的发现。"

后来，他把自己患上可怕的疾病归咎于智力过剩。如果他没患上全面精神分裂症的话，没人能估计到他会取得什么样的成就。在疾病给他带来严重损害的情况下，他仍继续发表了多篇论文。发表于1962年的《一般流体微分方程中的柯西问题》一文被《数学百科词典》认为是"基础性的和值得关注的"，并且为其他人的大量后续研究提供了灵感。纳什继续处理着一些新的问题。广中平佑（Hironaka）最终将可回溯至1964年的纳什猜想之一命名为"纳什破裂"。1966年，纳什发表了《基于分析数据的隐函数问题解分析》一文，该文运用他的偏微分方程思想得到了与这些问题有关的自然结论。1967年，纳什完成了更值一提的《奇点的弧结构》论文初稿，该文最终发表在1995年的《杜克数学杂志》特刊上。

纳什最近对一名记者说："**如果你想阐述卓越的思想，那就需要有一种非简单实用的思维。**"当纳什在1994年获得诺贝尔经济学奖时，他没有被邀请在斯德哥尔摩按惯例发表一小时的获奖演说。不过，诺贝尔奖颁奖礼一结束，他就在瑞典乌普沙拉大学发表谈话提及他最近的打算，他想阐述一种数学上正确且与已知物理观察相一致的非扩张宇宙理论。最近，纳什又在致力于博弈论的研究。美国国家科学基金会将为他阐述一种新的合作博弈"进化"解概念提供资助。他说过，"找回你的生活是件妙不可言的事"。但和以前一样，开创出新的、令人激动的数学领域是他现在最大的抱负。

参考文献

Dixit, A., and B. Nalebuff. *Thinking Strategically.* New York: W. W. Norton, 1991.

Kuhn, H. W. "Introduction," to *A Celebration of John F. Nash, Jr.,* ed. H. W. Kuhn, L. Nirenberg, and P. Sarnak, pp. i–v. In *Duke Mathematical Journal,* 81, nos. 1 and 2 (1995).

————. "Foreword." In *Classics in Game Theory,* ed. H. W. Kuhn, pp. ix–x. Princeton: Princeton University Press, 1997.

Milnor, J. "A Nobel Prize for John Nash." *The Mathematical Intelligencer* 17, no. 3 (1995): 11–17.

Myerson, R. B. "Nash Equilibrium and the History of Economic Theory." *Journal of Economic Literature* 37 (1999): 1067–82.

Nasar, S. "The Lost Years of the Nobel Laureate," *New York Times,* November 13, 1994, sec. F, pp. 1, 8.

————. *A Beautiful Mind.* New York: Simon & Schuster, 1998.

Roth, A. "Game Theory as a Tool for Market Design" (1999). Available at http://www.economics.harvard.edu/~aroth/design.pdf.

Rubinstein, A. "John Nash: The Master of Economic Modeling." *The Scandinavian Journal of Economics* 97, no. 1 (1995): 9–13.

第 1 章
The Essential John Nash

新闻公告（瑞典皇家科学院）

1994 年 10 月 2 日

瑞典皇家科学院决定将 1994 年纪念阿尔弗雷德·诺贝尔的瑞典银行经济学奖共同授予：

美国加州大学伯克利分校的约翰 C. 海萨尼教授；

美国新泽西州普林斯顿大学的约翰 F. 纳什博士；

德国波恩大学的莱茵哈德·泽尔腾教授。

以表彰他们在非合作博弈理论均衡分析方面的开创性贡献。

博弈论是理解复杂经济问题的基石

博弈论从对国际象棋和扑克牌等游戏的研究中发展而来。人人都知道，参与这些游戏的各方都必须提前思考，基于对其他各方对策的预期来制定一种策略。此类策略互动也可用来描述许多经济情况，博弈论因此被证明对经济分析极为有用。

约翰·冯·诺依曼和奥斯卡·摩根斯坦恩的不朽研究《博弈论与经济行为》(1994)奠定了他们在经济学中运用博弈论的基础。在 50 年后的今天，博弈论已经成为一种经济问题分析的主导工具。特别地，非合作博弈理论（即排除了有约束力合同的博弈论分支）对经济研究有着巨大影响。该理论的主要内容是"均衡"概念，这一概念被用来预测策略互动的结果。约翰 F. 纳什、莱茵哈德·泽尔腾和约翰 C. 海萨尼三位学者对这种均衡分析做出了杰出贡献。

约翰 F. 纳什指出了合作博弈与非合作博弈之间的区别。在合作博弈中可订立具有约束力的合同，而对非合作博弈来讲则不可行。纳什提出了非合作博弈的一种均衡概念，这一概念后来被称为"纳什均衡"。

莱茵哈德·泽尔腾是第一位对"纳什均衡"概念做出改进以分析动态策略互动的学者。他还应用这些改进后的概念对只有少数卖方的竞争情况进行了分析。

约翰 C. 海萨尼指出了如何对不完全信息博弈进行分析，从而为一个充满活力的研究领域——信息经济学提供了理论基础。信息经济学的研究重点是不同代理人互不了解对方目标时的策略情况。

***

约翰·纳什于 1948 年进入普林斯顿大学，成为该校一名年轻的数学博士研究生。他在自己的博士论文《非合作博弈》（1950）中展示了他的研究成果。这篇论文导致了"多人博弈中的均衡点"的提出（《美国国家科学院学报》，1950），以及一篇题为《非合作博弈》的论文发表（《数学年刊》，1951）。

纳什在他的博士论文中指出了合作博弈与非合作博弈之间的区别。他对于非合作博弈理论最重要的贡献在于，用任意数量参与者与任意偏好（即不只针对双人零和博弈）明确表达了一种通用解概念。这种解概念后来被称为"纳什均衡"。在纳什均衡中，所有参与者的期望都得到满足且他们所选择的策略是最优的。纳什提出了对均衡概念的两种解释：一种是基于合理性；另一种是基于统计学群体。合理性解释认为，参与者是理性的并掌握了全面的、包括所有参与者对有关可能结果的偏好在内的该博弈体系信息，在这种情况下，信息是公共知识。既然所有参与者都掌握了与彼此策略选择和偏好有关的完整信息，那他们就能计算出彼此在每一个期望集上的最优策略选择。如果所有参与者都期待相同的纳什均衡，那任何人就都没有改变其策略的动力。纳什的第二种解释与统计学群体有关，这种解释在所谓的进化博弈中非常有用。为了解自然选择原理是如何在物种内和物种间的策略互动中发挥作用的，生物学同样对该类型博弈进行了阐述。此外，纳什还证明了：对所有参与者数量有限的博弈而言，存在一种混合策略均衡。

＊＊＊

由于他们对非合作博弈理论中均衡分析所做出的贡献，三位获奖者形成了一个自然组合：纳什奠定了均衡分析的基础；泽尔腾和海萨尼则分别将这种均衡分析扩展到了动态和不完整信息的情况。

第 2 章
The Essential John Nash

纳 什 自 传

约翰 F. 纳什

我于 1928 年 6 月 13 日出生在西弗吉尼亚州兰田市的兰田疗养院，如今这家医院已不复存在。当然，我想不起我出生后头两三年的事情了。而且从心理上讲，我怀疑早期的记忆已成为"记忆中的记忆"了，并可与讲故事和听故事的人所代代相传的传统民间传说相媲美。不过，就算对许多过往事情的直接记忆已然逝去，事实却还是在那里。

我是以我父亲的名字来命名的。我父亲是一位电力工程师，他来到兰田市为该市的阿帕拉契亚电力公司工作。他是名"一战"退伍老兵，曾在法国服役并担任后勤保障中尉，因此没有被派往实际前线作战。他原本住在得克萨斯州，在得克萨斯农业与机械学院获得电子工程学士学位。

我母亲原名叫玛格丽特·维吉尼亚·马丁，不过人们常叫她维吉尼亚，她也出生在兰田市。她曾在西弗吉尼亚大学学习过，结婚前是学校的一名英语老师，有时也教拉丁语。我母亲的晚年生活因为失去部分听力而受到了很大的影响，这是她在大学读书时的一次猩红热感染造成的。

外祖父母双双从他们原在北卡罗来纳州西部的家乡来到兰田市。我外祖父詹姆斯·埃弗雷特·马丁博士曾在巴尔的摩的马里兰大学学习医学，后来到兰田市行医，当时这件事在人们中迅速传开了。但外祖父在他晚年转型做了一名地产投资商，离开了医疗行业。我外祖父在我出生前就去世了，所以我从未见过他，但我对我外祖母以及她在位于兰田市中心的老房子弹钢琴的样子有着美好的回忆。

在我出生大概两年半后，我妹妹玛莎于 1930 年 11 月 16 日出生。

我进了兰田市标准学校，而且在读小学前我还进过一家幼儿园。我父母送了我一本《康普顿图说百科全书》，在我孩提时代，我通过阅读这本书学到了很多东西。而且，在我们和我祖父母的房子里，还有许多富有教育意义的书籍。

在阿帕拉契亚山脉，兰田市是一座地理位置相对偏远的小城，它不是一个学区或高技术社区，而是一个商人、律师各色人等集中的地方。这个小城的存在要归因于铁路以及弗吉尼亚州西部附近丰富的煤矿。因此，理智地讲，这给人提出了一种挑战：必须从世界知识中而不是从周围社区知识中学习。

在我上中学时，我读了贝尔（E. T. Bell）经典的《数学精英》一书，我记得书中成功地证明了与某个整数 p 次方有关的费马（Fermat）定理，这里 p 是一个质数。

那个时候我还做过电子实验和化学实验。起初，当学校要求我们准备一篇描述自己职业的短文时，我准备的是像我父亲那样做一名电子工程师。后来，当我在位于匹兹堡的卡内基工学院就读时，我的专业是化学工程。

关于我在卡内基工学院（卡内基梅隆大学前身）学习的情况，我很幸运，在那里我获得了一项全额奖学金——乔治·威斯汀豪斯（George Westinghouse）奖学金。但在就读化学工程专业一个学期之后，我就对其课程体系（比如机械制图)产生了反感并转到了化学专业。但再一次地，在继续就读化学专业一段时间后，我碰到了量化分析方面的难题，量化分析反映的不是一个人对事实的思考和理解（或了解）有多好，而是他在实验室里用吸管做滴定试验的效果有多好。而且，数学学院此时正在鼓动我转学数学并对我解释说，在美国做一个数学家也可以有很好的职业前景。因此，我再次转了专业，正式成为一名数学专业的学生。结果，我学到了很多数学知识并在这方面取得了较大进展，以至于在我毕业时学校除了授予我学士学位外，还授予了我理学硕士学位。

应该提及的是，我在兰田中学读书的最后一年，我父母安排我去兰田学院学习额外的数学课程，该学院由南方浸礼会主办，当时刚成立两年。不过，我并没有因为我的额外学习而在卡内基工学院获得正式的免修学分，但我掌握的高级知识和能力使我第一学年不用在卡内基工学院学很多的数学课程。

在我大学毕业时，我记得哈佛大学和普林斯顿大学都向我提供了特别研究生补助。不过因为我实际上没能在帕特南（Putnam）竞争中胜出，普林斯顿大学给我的特别研究生补助稍微多一些，而且普林斯顿大学似乎更欢迎我去那里就读。塔克（A. W. Tucker）教授写信鼓励我到普林斯顿大学，而且从家庭的角度考虑，离兰田市更近的普林斯顿大学似乎对我也更有吸引力。因此，我选择了普林斯顿大学作为我的研究生学习地。

我在卡内基工学院读书时选修了"国际经济学"这门课程，对经济概念和经济问题的了解使我形成了《谈判问题》一文中的思想，后来这篇论文发表在《计量经济学》杂志上。正是这种思想反过来使我在普林斯顿大学读研究生时对博弈论研究产生了兴趣，冯·诺依曼和摩根斯坦恩的工作推动了博弈论研究的发展。

作为一名研究生，我的数学研究领域相当广泛，而且我很幸运，除了形成"非合作博弈"一文中的思想外，还在流形和实代数簇方面取得了令人满意的发现。因此，实际上我做好了在普林斯顿大学数学系不接受我将博弈论研究作为博士论文内容的情况下，用其他研究结果来完成博士论文的准备。

不过，这些偏离冯·诺依曼和摩根斯坦恩合著书籍"路线"（类似于"政党路线"）的博弈论思想，最终还是被接受作为一名数学博士的毕业论文内容了；后来，我在 MIT 做讲师时撰写了《实代数流形》这篇论文并将其投稿发表。

1951 年夏天，我作为"C. L. E. 摩尔讲师"去了 MIT。1950 年获得博士学位后我曾在普林斯顿大学做过一年的讲师，出于个人和社会原因而非学术原因，我接受报酬更高的 MIT 讲师一职似乎合情合理。

从 1951 年起，我就一直在 MIT 数学系，直到 1959 年春天辞职。在 1956～1957 学年，我获得了阿尔弗雷德 P. 斯隆（Alfred P. Sloan）资助，被选派到普林斯顿高等研究院担任一年的临时研究员。

在这段时间里，我设法解决了微分几何领域一个经典的悬而未决问题，这一问题在某种程度上也与广义相对论中提出的几何问题有关。问题是：证明抽象黎曼流形在平面（或欧几里得）空间的等距可嵌入性。尽管这一问题很经典，但却并不怎么引人注意，没有得到更多的讨论。例如，该问题没有"四色猜想"那么热。

因此，如事情所发生的那样，我一听到在 MIT 进行的、关于可嵌入性问题的对话向外开放，就立即开始研究这个问题。第一项突破导致了一种奇特的结果：如果接受该嵌入只有有限平滑度的话，那么可嵌入性是可以出人意料地在低维外围空间中实现的。后来，运用"重型分析"以更合适的平滑度解决了这一嵌入问题。

　　我在普林斯顿高等研究院休"斯隆轮休假"期间研究了另一个与偏微分方程有关的问题，我得知：在超出二维的情况下，这个问题一直悬而未解。尽管我成功地解决了这个问题，但我遇上了从未有过的某种坏运气，因为对别人在这一领域的工作了解不充分，使得我和意大利比萨的埃尼奥·德乔治是在同一时间对这个问题进行研究的。并且实际上是德乔治首先解决了这一被象征性描述的问题，至少在"椭圆方程"这一特别令人感兴趣的领域是如此。

　　可以想象的是，如果德乔治和我其中一人未能解决赫尔德（Hölder）连续性先验估计这个问题的话，那剩下的这个孤独的登高者将会获得"菲尔兹奖"，该奖一般只授予 40 岁以下的数学家。

　　现在，我不得不从科学的思维理性，转换到在精神病学上被诊断为"精神分裂症"或"偏执型精神分裂症"患者的妄想思维特征。但实际上我不会去试图描述这一相当长的时期，而是简单地略去真实的个人状况细节以避免尴尬。

　　在 1956～1957 年的学术轮休假期间，我结婚了。我的妻子艾丽西亚是 MIT 的物理学硕士，我们是在 MIT 相遇的，1956～1957 年她在纽约市区工作。艾丽西亚出生在萨尔瓦多，但早年就来到了美国，她和父母长期以来就是美国公民，她父亲是位医学博士并最终供职于马里兰州一家由联邦政府运作的医院。

　　我的精神障碍始于 1959 年的头几个月，那时艾丽西亚已经怀孕了。结果，我辞去了 MIT 教员职务，并在麦克莱恩（McLean）医院度过 50 天的"观察期"后，最终来到欧洲并尝试在那里赢回作为一名难民的地位。

　　后来我被强制在新泽西州的多家医院待了 5～8 个月，我一直不情愿，并一直想找合法理由离开。

长期住院使我放弃了我的妄想假设，并回归到一个一般常人和数学研究中。可以这样讲，在强制回归理性的这些间歇，我成功地做了一些值得尊敬的数学研究，如"一般流体微分方程的柯西问题"、广中平佑称为"纳什破裂变换"的想法、"奇点的弧结构"，以及"基于分析数据的隐函数问题解分析"等研究。

但是，在 20 世纪 60 年代当我重新陷入梦一般的妄想假设状态时，我成了一个有妄想思维但行为相对温和的人，因此我倾向于避免住院并避免引起精神科医生的直接注意。

就这样，时间不知不觉很快过去了。我当时开始逐渐有理智地拒绝一些妄想思维，我的取向曾一度表现出了这种思维。最为明显的是，这种拒绝是从认为政治导向思维本质上是种毫无希望的智力浪费开始的。

因此，我现在似乎又回到了科学家特有的理性思维风格。不过，有的人从心理障碍恢复到良好的健康状态并非完全是一件值得高兴的事。这一方面是思维理性限制了一个人对其与宇宙关系的看法。例如，一名非拜火教教徒可能认为查拉图斯特拉（Zarathustra）就是个疯子，带领数百万本土追随者采用点火仪式来表达个人崇拜。但是，没有了他的"疯狂"，查拉图斯特拉无疑会是这些数百万或数十亿人中的一员，随后就会被遗忘。

统计资料表明，数学家或科学家要在 66 岁时还能通过持续的研究努力来显著扩大他们之前的成就似乎是不可能的。但我仍然在努力，可以认为近 25 年的部分妄想空档期实际上为我提供了某种休息，也许我的情况是非典型的吧。因此，我有望通过我当前的研究取得一些有价值的东西，或者在未来提出一些新的思想。

图说故事

1

一封向普林斯顿精英数学系推荐约翰·纳什的单行信中写道："此人是个天才。"在就读普林斯顿大学数学系 14 个月后，纳什就在撰写他的 27 页博士论文，这篇博士论文日后将给经济学理论带来革命性的变化并为他赢得诺贝尔经济学奖。1950 年 6 月，这名新晋博士准备西行前往冷战智库——兰德公司（RAND）。

2

作为一名研究生，纳什不是通过阅读或课堂而是尝试通过自己的思想来学习数学。物理学是他的兴趣之一。来到普林斯顿大学后不久，纳什就找到爱因斯坦，并用一个有关"重力、摩擦和辐射"的理论来取悦这位圣人般的科学家。爱因斯坦耐心地听他讲完，然后说道："年轻人，你最好多研究一些物理学。"数十年后，一位德国物理学家继承了纳什的思想。

3

20世纪40年代末，博弈论在普林斯顿大学非常流行，那里的数学家希望博弈论能够像牛顿微积分为物理学做出贡献那样，为经济学做出贡献。纳什不久便成为普林斯顿大学数学系博弈论研讨会上的常客。奥斯卡·摩根斯坦恩是一位有教养的奥地利移民经济学家，并与约翰·冯·诺依曼合著了《博弈论与经济行为》(1994)一书，他鼓励纳什发表一篇与谈判有关的论文。

4

曾在"二战"期间致力于原子弹研究的匈牙利博学大师约翰·冯·诺依曼（左）和领导"曼哈顿计划"的物理学家罗伯特·奥本海默（右）是20世纪40年代末普林斯顿的"20世纪科学'教皇'"。在这张图片中，他们正站在冯·诺依曼与其同事设计的第一台计算机 MA-NIAC 前。冯·诺依曼认为博弈论的未来在合作性理论方面，因此对纳什的非合作博弈不屑一顾，并称纳什均衡为"不过是另一版本的不动点定理而已"。

5

阿尔伯特 W. 塔克是线性规划方面的一位权威,他培养出了马文·明斯基(Marvin Minsky)和约翰·麦卡锡(John McCarthy)等人工智能先驱,并成为纳什的论文导师。纳什称他的这位导师为"机器",塔克要求纳什在博士论文中包含一个具体的均衡概念应用,起初纳什拒绝了塔克的要求。后来与纳什同届的研究生劳埃德·沙普利向纳什提供了一个实用的扑克牌的例子,才将这一僵局打破。

6

拓扑学家约翰·米尔诺可以说是普林斯顿大学历史上最有名的新生,也是纳什喜欢与之讨论数学问题的少数人之一。米尔诺在读本科时因解决纽结理论中的一个著名问题 ——"博苏克猜想"(Borsuk's conjecture)而一夜成名,他误将这个问题作为了塔克课堂上的家庭作业。米尔诺对纳什产生了重要影响,这张照片是米尔诺于 20 世纪 80 年代在普林斯顿高等研究院拍的,他是帮助纳什在患病时找到工作的人之一。

7

在完成 MIT 辐射实验室的战时研究之后，戴维·盖尔进入普林斯顿大学读研究生，他是第一个明白"纳什均衡"重要意义的人。盖尔将一生都献给了数学游戏研究，他制作了在费恩大厅公共休息室玩"纳什"游戏的第一个游戏盘。更重要的是，盖尔还敦促纳什将他的最新成果在《美国国家科学院学报》上发表，以为他的非合作博弈理论"抢得先机"。盖尔在数年后说道："我无疑立刻明白这是篇有分量的论文，虽然我不知道这篇论文能获诺贝尔奖。"

8

库恩–塔克理论的作者之一哈罗德·库恩是与纳什同届的研究生，并且是纳什杰出朋友圈中的一员，这个朋友圈包括约翰·米尔诺、劳埃德·沙普利、约翰·麦卡锡和戴维·盖尔。后来，作为普林斯顿一家咨询公司的科学主管，库恩聘请了与纳什共同获得诺贝尔奖的约翰·海萨尼和莱茵哈德·泽尔腾来实施将博弈论应用于裁减军备的一项计划，库恩和纳什直到今天仍然是好朋友。是库恩在最终投票和正式宣布的前一天告诉纳什"你获得了诺贝尔奖"。

9

纳什被选为 MIT 摩尔讲师并在后来获得助理教授的职位，更多的是因为他在流形和实代数簇而非博弈论方面的骄人发现。尽管 MIT 是全美最著名的研究型大学之一，但其工科色彩仍然要更浓厚一些。MIT 接纳了许多杰出的难民，如"控制论之父"诺伯特·维纳（Norbert Wiener）和经济学家保罗·萨缪尔森（Paul Samuelson），这些都是诸多像哈佛大学一样的精英机构反犹太主义政策的结果。纳什将茶饮、游戏和令人惊讶的竞争等普林斯顿大学公共休息室里的传统引入了 MIT 的数学公共休息室。

10

美国最著名的"二战"前一代数学家之一、"控制论之父"以及《我是一名数学家》自传的作者诺伯特·维纳，是纳什崇拜的少数英雄之一。纳什效仿了维纳的言谈举止，包括维纳扶着墙壁走路的习惯。

11

纳什喜欢驾驶他的 1951 年款蓝色老式敞篷车在纪念大道上参加短程加速赛车。在成为 MIT 教员时，纳什对博弈论的兴趣淡了下来，他开始研究黎曼流形中非常难的"嵌入问题"。"我做这个是因为一次打赌。"在解决这个问题后，他这样告诉一位听众。

12

在苏联人发射人造地球卫星的那一年，纳什认识了一位来自民主德国的杰出难民于尔根·莫泽（Jügen Moser）。莫泽后来想出了对纳什嵌入结果的一种更简单的证明（被称为"纳什－莫泽隐函数定理"），并在与太阳系稳定性有关的天体力学概论中应用了这一定理，这为基础空间科学的重大进展奠定了基础。

13

纳什于1957年在偏微分方程领域取得了突破，这使他充分相信自己将成为梦寐以求的"菲尔兹奖"（相当于数学界的诺贝尔奖）角逐者，不过他吃惊地发现，一个名不见经传的意大利人德乔治打败了他。纳什的研究无疑独立于德乔治的研究，且纳什所用方法具有高度创新性。该领域的专家拉斯·戈丁（Lars Garding）断言："能做到这一点，你肯定是个天才。"但纳什始终认为德乔治的成果令他与"菲尔兹奖"擦肩而过。当这两人见面时，另一位数学家说道："这就像斯坦利（Stanley）与利文斯通（Livingston）会面一样。"

14

艾丽西亚·纳什是纳什在MIT的一名学生。在一个崇拜"金发傻女人"的年代，这名来自萨尔瓦多的物理专业学生认为纳什看上去像洛克·哈德森（Rock Hudson），并相信他有朝一日会很有名。她和纳什于1957年结婚。

15

在 30 岁生日时，纳什似乎拥有了一切：他正在致力于黎曼假设的研究；即将晋升为正教授；被《财富》杂志评为最有希望的年轻一代数学家之一。艾丽西亚即将分娩，纳什计划去欧洲度假。然而在数个月内，他就遭受了失眠症和妄想症的困扰，像"他是和平王子"和"南极国王"之类的奇怪妄想越来越多。1959 年 5 月，他被确诊为偏执型精神分裂症，并从 MIT 辞职。

16

在纳什称为"失落岁月"的 30 年里，他忍受了频繁的住院治疗。除了几次短暂的间歇之外，他放弃了数学并一门心思研究数字命理学。在普林斯顿周围他被称为"幽灵"，他能生存下来完全是因为他妻子艾丽西亚的忠诚，他们在普林斯顿的这个地方带着他们的幼子约翰·查尔斯·马丁·纳什一起画画。纳什夫妇在 1963 年离婚，但在 1970 年，艾丽西亚将她的前夫接回了她的家。

17

照片中的纳什长子约翰·戴维·施蒂尔，25 岁左右。他在波士顿长大，和他母亲埃莉诺一起生活，他就读于阿默斯特学院。父亲和儿子有很多年不相往来，但约翰·戴维·施蒂尔在 20 世纪 70 年代中期又联系了他的父亲，并去普林斯顿看望了纳什。他们再一次走近了。

18

照片中的纳什幼子约翰·查尔斯，15 岁。他在普林斯顿长大，像他父亲一样，他也成了一名数学家，最后在罗格斯大学获得了博士学位。他还是一名国际象棋大师。

19

1993 年夏天，有关诺贝尔经济学奖会授予博弈论的传言满天飞。1994 年 10 月，瑞典皇家科学院宣布授予纳什、加州大学伯克利分校的约翰 C. 海萨尼（左一）和波恩大学的莱因哈德·泽尔腾（右一）诺贝尔经济学奖，以表彰他们在非合作博弈论方面做出的贡献。纳什提出了"均衡"概念；海萨尼和泽尔腾则在几个关键方面拓展了纳什的思想——泽尔腾提出了一种区分可信均衡与不可信均衡的理论，海萨尼则证明了纳什的思想可被应用于信息不完全的情况。

20

诺贝尔经济学奖委员会主席阿瑟·林德贝克称，纳什在 1994 年 12 月诺贝尔奖颁奖典礼上向瑞典国王鞠躬的场景为"童话故事"里的场景。

21

因为诺贝尔奖委员会对纳什的精神病
史有所顾虑，所以没有按惯例安排他发表
获奖感言。不过，瑞典皇家科学院一位其
自己儿子也患有偏执型精神分裂症的院士
邀请纳什去乌普萨拉大学做了有关宇宙学
的演讲。

22

纳什的非凡个人成就被表现为一篇《纽约时报》简介、一部传记，以及一部好莱坞电影
《美丽心灵》(由朗·霍华德执导及罗素·克劳、埃德·哈里斯和詹妮弗·康纳莉主演)的素
材。该影片于 2001 年 3 月在普林斯顿开拍，纳什曾短暂到访过拍摄场地。曾凭借《角斗
士》一片中的表演获得奥斯卡奖的澳大利亚影星克劳给纳什倒了一杯茶并有机会研究他那
双富有表现力的手。纳什被看到在这里同克劳和霍华德会面。

23

2001 年 6 月 1 日，在离婚 38 年后，约翰和艾丽西亚·纳什在恢复因约翰精神疾病而中断的共同生活方面迈出了一大步。他们在普林斯顿章克申市市长的主持下复婚了。纳什称这一事件为"就像电影中的第二个镜头一样"，《纽约时报》引述了他的原话。

24

在纳什获得诺贝尔经济学奖数年后，美国国家科学基金会为他从事合作博弈理论方面的研究提供了一项资助，同时他也重新开始举办研讨会和讲座。这张照片是 2001 年 6 月他在普林斯顿高等研究院就他当前的研究作报告。

编者对第3章的介绍

以下内容节选自约翰·米尔诺于 1995 年发表在《数学情报》第 3 期第 11～17 页上的谦和致敬——《约翰·纳什的诺贝尔奖》一文，该文描述了六连棋游戏的发明，并对"先行的游戏者拥有一种确定能赢的策略"给出了一个简洁的证明。正如我当时被告知的那样，该游戏的第一个纳什版本与此并不一样，它的笨拙感一直都在证明"是纳什独立发明了该美丽游戏"这一事实。他首先用极坐标图来构思该游戏，其中每个顶点都有 6 阶并被连接到 6 个相邻的顶点。以六边形来平铺平面在数学上是等价的，但更具美感。

第 3 章
The Essential John Nash

六　连　棋

约翰·米尔诺

　　纳什于 1948 年成为普林斯顿大学研究生院的一名学生，我与他同届。因为我们都是公共休息室里的常客，所以我很快就认识了他。他任何时候都是满脑子的数学思想，不仅有博弈论方面的，还有几何学和拓扑学方面的。不过，我对公共休息室里有很多游戏在玩的那一次印象最深。有人给我介绍了围棋、军旗和一种巧妙的拓扑学游戏（为了表达对游戏发明者的敬意，我们称为"纳什"）。事实上，我们后来发现丹麦的皮特·海恩在数年前就已经发明了同样的游戏。海恩将该游戏称为"六连棋"，这个名字现已家喻户晓。一个 $n \times n$ 纳什或六连棋棋盘是 n^2 个六边形平铺而成的一个菱形，如图 3-1 所示。推荐的棋盘大小是 14×14。不过，为了便于说明，这里用了一个更小的棋盘，其中两条对边被涂成黑色，另外两条边被涂成白色。游戏者可选择将棋子放在哪个六边形上，一旦将棋子放好，就不能再移动。执黑一方尝试用黑棋将两条黑边连成一线，而执白一方尝试用白棋将两条白边连成一线，当其中一名游戏者连接成功时，游戏结束。

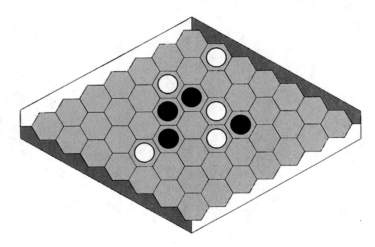

图 3-1　六连棋游戏中的一种典型情况。问题：黑棋走，黑棋赢。替代问题：
　　　　白棋走，白棋赢

定理　在一个 $n \times n$ 的六边形棋盘上，先行一方总是能赢。

令人不可思议地是，纳什的证明是非结构化的，可概述如下。

第一步：一种纯拓扑学观点认为，该游戏肯定会有一方获胜：如果用黑白棋子覆盖棋盘，那么，要么存在一条从黑边到黑边的黑棋链，要么存在一条从白边到白边的白棋链，但不会两条链都存在。

第二步：既然该游戏是有限的，那么就只有两种结果；另外，既然游戏者是在了解完整信息的情况下交替下棋，那么根据冯·诺依曼和摩根斯坦恩重新发现的策梅洛定理，可以断定对弈双方中的某一方肯定拥有某种获胜策略。

第三步：根据对称性，如果后行一方拥有某种获胜策略，那先行一方可能随意下第一步棋，然后采取后行一方的策略。既然先行一方下的第一步棋不会对他造成损失，那他肯定会赢。因此，"后行一方拥有获胜策略"这一假设就会自相矛盾。这一著名观点也适应于其他一些对称游戏（如"五子棋"）。

注意，该证明对棋盘对称性有很强的依赖。在一个 $n \times (n+1)$ 的棋盘上，连接距离较短的一方可能总是会赢，即使另一方先行（比较图 3-2）。

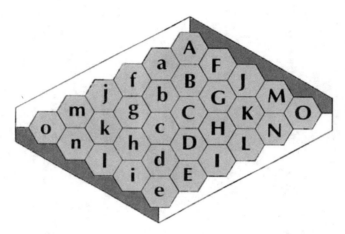

图 3-2 在如图所示的一个非对称棋盘上，即使在黑棋先行的情况下，白棋也可能赢。获胜策略可用"双人赛"明确描述为：无论黑棋怎么下，白棋都会下在标有相应符号的六边形内，在这种情况下，对应策略（如 $a \leftrightarrow A$）是将左半棋盘滑动反射到右半部分

编者对第 4 章的介绍

"谈判问题"与其他三篇经典论文都是运用公理方法的典范。其他三篇论文包括肯尼斯·阿罗（Kenneth Arrow）的"不可能性定理"、约翰·米尔诺的"与自然的博弈"，以及劳埃德·沙普利的"多人博弈的价值"。这些论文都将一组合理的必要条件描述为公理，然后通过明确、无懈可击的数学论证推导出一个重要但意料之外的结论。对这些假设的精确描述使得关于这些前提特征的讨论呈现出开放性。在纳什的论文中，最有争议的假设是"不相关选项的独立性"，这一假设直到今天都在不断引发理智争议。

这篇论文的历史仍不确定。我记得它在纳什读研究生一年级时就被送到了冯·诺依曼手里，并且纳什约见了冯·诺依曼，以提醒他注意这篇论文的存在。在这种情况下，这篇论文是作为纳什在卡内基工学院选修的唯一一门经济学课程的学期论文撰写的。纳什现在的回忆与我有些不同，他在 1995 年与罗杰·梅尔森（Roger Meyerson）共进午餐时说，他是在到普林斯顿大学后撰写的这篇论文。不管这篇论文的真实历史如何，这些事实都说明它是由一名青少年写成的，里面提到了球拍、球和铅笔刀。可以肯定的一点是，纳什从未读过该论文引言中所提及的古诺（Cournot）、鲍利（Bowley）、廷特纳（Tintner）和费尔纳（Fellner）等人的任何文章。

第 4 章
The Essential John Nash

谈 判 问 题[⊖]

约翰 F. 纳什

提出了处理一类以谈判、双边垄断等多种形式呈现的经典经济问题的新方法。该类问题也被认为是非零和双人博弈。这类新方法对某种经济环境下的单一个体以及一组双人个体的行为做出了若干一般性假设。本章认为，通过这些假设可获得这类经典问题的解，用博弈论的话来讲就是发现这类博弈的价值。

引言

双人谈判情形涉及有机会为了双边利益而采取多种方式合作的两个单一个体。在本章考虑的某种较为简单的情况下，未经一方同意，另一方不能采取可能影响对方利益的行动。

可将卖方垄断对买方垄断、两国间贸易以及雇主与工会间的谈判等经济情况归为谈判问题。本章的目的是对这类问题进行理论探讨并获得明确的"解"。当然，为达此目的，要对这类问题进行某种程度的简化。这里所说的

⊖ 作者希望在此感谢冯·诺依曼教授和摩根斯坦恩教授的协助，感谢他们阅读本论文初稿并给出与本论文提交有关的有用建议。

"解"指的是确定各个体预期应从这种情况获得的满足感，或者各个体在多大程度上值得拥有这种谈判机会。

这是典型的交易问题，更具体地讲，是古诺、鲍利、廷特纳、费尔纳等人研究过的双边垄断问题。冯·诺依曼和摩根斯坦恩在《博弈论与经济行为》①一书中提出了一种不同的方法，该方法可对非零和双人博弈下的这种典型交易状态进行识别。

为了简化谈判问题并不失一般性，我们做出如下假设：双方均高度理性；双方均能准确比较自身对各类事情的期望；双方均具有同样的谈判技巧；双方均充分了解对方的品位与偏好。

为了从理论上处理各种谈判情形，我们会从中抽象出可据此阐述谈判理论的数学模型。

我们在处理谈判问题的过程中采用了《博弈论》中开发的一种数字工具来表达谈判各方的偏好或品位。为了使各个体在谈判中获得最高回报，我们使用这种工具在数学模型中引入了各个体的期望。我们将从术语上简要回顾本章所运用的这一理论。

个体效用理论

"期望"是该理论中一个很重要的概念，我们将对这一概念做部分图示说明。假设史密斯先生知道他明天会得到一辆新别克轿车，我们就说他拥有一种别克期望。类似地，他可能拥有一种凯迪拉克期望。若他知道明天将通过掷硬币的方式来决定他是得到一辆别克还是一辆凯迪拉克，那我们可以说，

---

① 约翰·冯·诺依曼及奥斯卡·摩根斯坦恩，《博弈论与经济行为》，普林斯顿：普林斯顿大学出版社，1944年(1947年第2版)，第15～31页。

他对别克和凯迪拉克的期望均为 1/2。因此，个体期望是种预期状态，涉及可能事件的确定性以及发生其他意外事件的概率。又如，史密斯先生可能知道他明天会得到一辆别克车，并且认为他还有一半机会得到一辆凯迪拉克。以上提到的"别克期望和凯迪拉克期望各为 1/2"说明了期望的以下重要属性：若 $0 \leqslant p \leqslant 1$ 且 A 和 B 代表两种期望，那么可用 $pA + (1-p)B$ 来表示某种期望，这是两种期望的某个概率组合，其中 A 的概率为 p，B 的概率为 $1-p$。

单一个体效用理论可通过以下假设来阐述：

1. 拥有两种期望的个体能决定哪种期望更可取或者两者同样可取。

2. 由此产生的排列是可传递的：若 A 优于 B 且 B 优于 C，则 A 优于 C。

3. 同样可取状态的任何概率组合与其中任何一种状态同样可取。

4. 若 A、B 和 C 满足假设 2，则存在 A 和 C 的某种概率组合，使该组合与 B 是同样可取的，这相当于一种具有连续性的假设。

5. 若 $0 \leqslant p \leqslant 1$ 且 A 和 B 同样可取，则 $pA + (1-p)C$ 和 $pB + (1-p)C$ 同样可取。此外，若 A 和 B 同样可取，则可在 B 满足的任意期望排列关系中用 A 代替 B。

这些假设足以证明令人满意的效用函数的存在性，同时为每个个体的各种期望都赋予了一个实数。该效用函数不唯一，也就是说，若 μ 为其中某个效用函数，则只要 $a > 0$，$a\mu + b$ 就同样是效用函数。假设大写字母代表期望，小写字母代表实数，则此类效用函数将具有以下特征：

a. $\mu(A) > \mu(B)$ 等价于 A 比 B 更可取，以此类推。

b. 若 $0 \leqslant p \leqslant 1$，则 $\mu[pA + (1-p)B] = p\mu(A) + (1-p)\mu(B)$。

这就是重要的效用函数线性特征。

双人理论

《博弈论与经济行为》一书提出了一种多人博弈理论，其中包含双人谈判问题这种特例。不过，该书提出的这一理论没有尝试发现某种特定多人博弈的价值，也就是说，没有确定每名参与者抓住机会参与博弈是否可取。这种决定只有在双人零和博弈的情况下才能完成。

我们认为，这些多人博弈应该有其价值，也就是说，应存在一组数：它们连续依赖于构成该类博弈数学描述的一组分量，并且表达了有机会参与此类博弈的各参与者的效用。

可以将某个双人期望定义为两个单人期望的组合，这样就会存在对其未来环境均有某种期望的两名个体。我们可以认为单人效用函数适用于双人期望，且每个函数都会像它们被应用于相应的单人期望时那样给出结果，单人期望是双人期望的一个组成部分。两个双人期望的可能组合是通过其组成部分的相应组合来定义的。因此，若$[A,B]$表示某个双人期望且$0 \leqslant p \leqslant 1$，则

$$p[A,B] + (1-p)[C,D]$$

可被定义为

$$[pA + (1-p)C, pB + (1-p)D]$$

很显然，该单人效用函数在这里具有与单人情况相同的线性特征。以下提到"期望"的地方均指双人期望。

在某种谈判情况下，有种期望可能被特别加以区分：谈判者之间不存在合作时的期望。因此，对这两名个体来说，使用将这一期望赋值为零的效用函数是很自然的事。这仍然不会改变每个个体的效用函数仅由一个正实数乘法决定的事实。以下所使用的任何效用函数均应被理解为按这种方法选择得到。

这两名个体所面临的这种情况，可以通过为他们选择效用函数并在一张平面图上绘制所有可能期望的效用来图形化表示。

有必要就这样获取的点集的性质做出若干假设。我们希望假设该点集在数学上是紧致的和凸的。该点集应该是凸的，因为可用某条直线段（由该点集中的两点连接而成）上任意一点来表示的某个期望，总是可以通过以适当概率组合两种期望（表示为两点）得到。紧致性条件表明：一方面，该点集必须是有界的，也就是说，所有点都可能被封闭在该平面上某个足够大的正方形内；另一方面，任意连续的效用函数均在该点集的某个点上设定了该点集的一个最大值。

若对应于其中任意一名个体的任意效用函数都具有相同的效用，则我们会认为这两种期望是等价的，因此该图能完整反映这一情形的本质特征。当然，在效用函数并不完全确定的情况下，图形只取决于规模的变化。

现在，既然我们的解应由两名谈判者的合理增益预期构成，那么这些期望应可以通过两者间的适当协议来实现。因此，应该可以找到某种期望来使每名谈判者都获得其预期的满意度。我们有理由认为，这两名理性谈判者只是就该期望或与之等价的期望简单地达成协议。所以，我们可认为该图点集中的一点在代表该解的同时，也代表了两名谈判者在公平谈判中可能就其达成协议的所有期望。我们将通过给出针对该解点与该点集之间这种关系应保持的条件来描述该理论，并从这些条件中推导出决定该解点的一个简单条件。我们将只考虑两名个体都可能从中获益的这类情况。但是，这并不排除最终只有一名个体能获益，因为"公平谈判"可能包含使用某种概率方法来决定谁最终获益的某个协议。多种可行期望的任意概率组合均是一种可用期望。

设 u_1 和 u_2 是这两名个体的效用函数。设 $c(S)$ 代表某个点集 S 中的解点，且 S 是紧致的和凸的且包含原点。我们假设：

6. 若 S 中的点 α 与点 β 之间具有如下性质：$u_1(\beta) > u_1(\alpha)$ 及 $u_2(\beta) > u_2(\alpha)$，则 $\alpha \neq c(S)$。

7. 若点集 T 包含点集 S 且 $c(T)$ 是 S 的子集，则 $c(T) = c(S)$。

若存在效应算子 u_1 和 u_2 使 S 在包含 (a, b) 的同时也包含了 (b, a)，则我们就说点集 S 是对称的，也就是说，图形关于直线 $u_1 = u_2$ 对称。

8. 若 S 对称且 u_1 和 u_2 表现出上述特征，则 $c(S)$ 是形如 (a, a) 的一个点，也就是说，它是直线 $u_1 = u_2$ 上的一个点。

以上第一个假设表达了"每个个体均希望自己在最终谈判中获得最大效用"这样一种观点。第三个假设代表了谈判技巧的质量。第二个假设较为复杂，以下解释可能有助于证明该假设的自然性。若 T 是可能的谈判集且两名理性个体一致认为 $c(T)$ 是一种公平的谈判结果，那么他们应愿意达成一项限制更少的协议，而不是在点集 S 包含 $c(T)$ 的情况下去试图获得由 S 之外的点所表示的任何谈判解。若 T 包含 S，则解情形将缩减至用 S 作为可能解集这一种情况。因此，$c(S)$ 应等价于 $c(T)$。

我们现在证明这些条件要求该解点是第一象限（$u_1 u_2$ 取得最大值）点集中的点。我们知道，紧致性使某个这样的点存在，凸性使该点唯一。

现在让我们选择效用函数来将以上提到的点转化为点 $(1, 1)$。因为这需要用常数乘以效用值，所以 $(1, 1)$ 现在将成为 $u_1 u_2$ 值最大的点。现在证明该集合中没有满足 $u_1 + u_2 > 2$ 的点，因为若该集合中存在这样一个点使连接点 $(1, 1)$ 与该点的直线段上的某个点满足 $u_1 + u_2 > 2$，则某个 $u_1 u_2$ 值会大于 1（见图 4-1）。

我们现在可以在区域 $u_1 + u_2 \leqslant 2$ 内构造一个关于直线 $u_1 = u_2$ 对称的正方形，该直线与直线 $u_1 + u_2 = 2$ 相交且完全封闭了备选解点集。考虑到该正方形区域是作为备选解点集而不是旧的解点集建立的，因此很显然，点 $(1, 1)$

是唯一满足假设 6 和假设 8 的点。现在我们可以利用假设 7 得到结论：在原始(被转换)解点集就是备选解点集的情况下，点(1，1)也一定是解点。这样就确定了之前的论断。

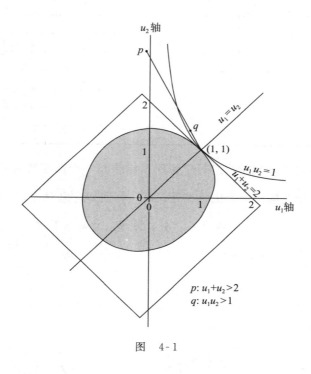

图　4-1

现在我们将给出应用该理论的几个例子。

例子

让我们假设两个聪明的人比尔和杰克处于这样一种状态：他们可能互换物品，但却没有货币来方便交易。为了简单起见，让我们进一步假设：所交换物品对每名个人的效应是其中每样物品对该个体效应的总和。我们给出了每名个人拥有的物品表，并在表中给出了每样物品对该个体产生的效应。当然，用于两人的效用函数具有任意性。

	对比尔的效用	对杰克的效用
比尔的物品		
书	2	4
鞭子	2	2
棒球	2	1
球拍	2	2
盒子	4	1
杰克的物品		
钢笔	10	1
玩具	4	1
小刀	6	2
帽子	2	2

图 4-2 对这种谈判情形进行了说明。结果是一个凸多边形，其中效用增益乘积在某个顶点取得最大值且该处仅有一种期望与之对应。

比尔给杰克：书、鞭子、棒球和球拍

杰克给比尔：钢笔、玩具和小刀

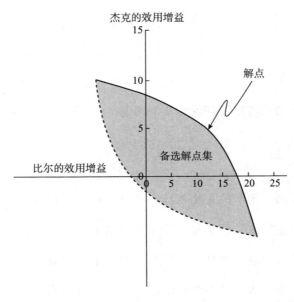

图 4-2　解点在位于第一象限且与备选解点集仅有一个交点的某条直角双曲线上

当谈判者拥有一种共同的交换媒介时，这个问题就可能会特别简单。在许多情况下，与某种货物等价的货币将充当一个令人满意的近似效用函数。等价的货币是货币额度刚好与我们所关注的这名个体对该货物的价值预期相符。这发生在货币额度效用被近似地表示为该情况所涉货币额度范围内的一个货币额度线性函数时。当我们使用一种共同的交换媒介来表示每名个体的效用函数时，图中的点集便具有以下特征：它位于第一象限的部分形成了一个等腰直角三角形。因此，这个解使每名谈判者均获得了相同的利润（见图 4-3）。

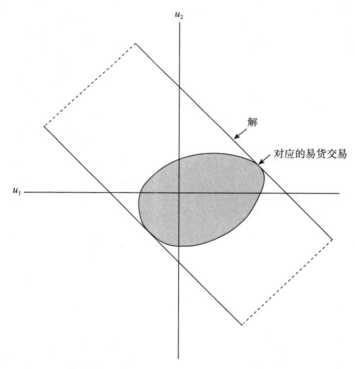

图 4-3　内部区域表示可能不使用货币的交易。在两条平行线之间的区域表示允许使用货币的可能性，此处用货币衡量的效用和增益等同于少量货币。在 $u_1 + u_2$ 取最大值的情况下，采用易货交易和货币兑换一定可以获得解

编者对第5~7章的介绍

　　纳什的这三个贡献中有两个是以"非合作博弈"为题。纳什希望强调的是，他构建了一种与冯·诺依曼和摩根斯坦恩的合作博弈理论形成鲜明对照的新理论。后两者的理论主要用于双人非零和博弈以及有三四名参与者的博弈，这部分内容占了《博弈论与经济行为》一书 2/3 的篇幅。纳什的理论除涵盖所有这些情况以外，还包含了双人零和博弈。纳什对非合作博弈和合作博弈所做的区分直到今天仍然是决定性的。

　　三篇论文提供了对纳什均衡存在性的三种不同证明，并揭示了纳什思想的演变过程。纳什的博士论文被认为是他唯一的著作。不过，即使是这样，纳什的博士论文也包含了与劳埃德·沙普利在"三人扑克游戏"方面合作的内容。另一方面，如果是完全原创的话，那该博士论文对之后被称为"纳什均衡"的存在性证明在应用布劳威尔不动点定理方面显得十分笨拙。在戴维·盖尔的建议下，以笔记形式发表在《美国国家科学院学报》上的文章运用了角谷静夫不动点定理。

　　应该注意的是，作为其定理的一个应用，角谷静夫给出了双人零和博弈极大极小定理的证明，明确承认了这种均衡的性质，即在这种均衡中，每名参与者都针对其对手的混合策略采用了一种最佳混合策略。因此，如果将他的论证应用于多人博弈，他就可以证明纳什均衡的存在性。

在我看来，尽管应用角谷静夫不动点定理是件很自然的事，但对该定理最富想象力的证明却是纳什在他发表于《数学年刊》（此前是以一份《兰德报告》的形式发表）上的论文中给出的。那篇论文考虑了这样一种场景：参与者将他们的策略调整为更多地重视那些应对其他参与者策略的当前最佳纯策略，纳什仅使用布劳威尔不动点定理就给出了一个简洁的存在性证明。

诺贝尔奖评选委员会显然对这篇论文中的两种解释高度重视。尽管理性解释可能已经由古诺进行了论证，但对生物学博弈十分重要的统计学解释却完全是原创。虽然三篇论文都对非合作博弈的性质做了说明，但只有这篇论文对这两种解释都进行了阐述。当在诺贝尔奖研讨会上被问及为什么发表在《数学年刊》上的论文没有包含这两种解释时，纳什回答道："我不知道这是否是《数学年刊》在样式上做的修改。"

第 5 章
The Essential John Nash

多人博弈中的均衡点[⊖]

莱夫谢茨(S. Lefschetz)报告(1949 年 11 月 16 日)

约翰 F. 纳什

可以定义一种"多人博弈"概念，在这种博弈中：每名参与者都拥有一组有限的纯策略；并且对 n 个参与者来说，有一组确定的效用与纯策略中的各 n 元组(每名参与者采取一种策略)相对应。对基于纯策略概率分布的混合策略来讲，效用函数是参与者的期望，因此在概率上呈多元线性形式，不同参与者以这些概率来运用他们不同的纯策略。

任意策略 n 元组(每种策略对应一名参与者)都可能被认为是通过 n 个参与者策略空间相乘所获得的积空间中的某个点。如果抵消 n 元组中每名参与者的策略都为其提供了最高可获期望(相对于被抵消 n 元组中其他参与者的 $n-1$ 种策略)，我们就说这样一个 n 元组抵消了另一个 n 元组。一个自抵消的 n 元组被称为一个均衡点。

每个 n 元组与其抵消 n 元组的对应关系给出了积空间到自身的某种一对多映射。我们可以从抵消定义中看到，某个点的抵消点集是凸的。利用效用

──────────

⊖ 作者感谢戴维·盖尔博士有关使用角谷静夫定理来简化证明的建议以及美国原子能委员会
（A. E. C.）所给予的资助。

函数的连续性，我们可以看到映射图形是闭合的。这种闭合等同于说：若 P_1，P_2，$\cdots$ 及 Q_1，Q_2，$\cdots Q_n$，$\cdots$ 均为积空间（$Q_n \to Q$，$P_n \to P$）中的点序列且 Q_n 抵消 P_n，则 Q 抵消 P。

　　既然该图形是闭合的且在映射下每个点的图像都是凸的，那么我们就可由角谷静夫定理[一]推出该映射拥有不动点（即包含在其图像中的点），因此存在某个均衡点。

　　对双人零和博弈来说，"主定理"[二]与某个均衡点的存在性是等价的。在这种情况下，任意两个均衡点都会导致相同的参与者期望，不过这种需要一般不会发生。

[一]　角谷静夫，《杜克数学杂志》，1941 年第 8 期第 457-459 页。

[二]　约翰·冯·诺依曼及奥斯卡·摩根斯坦恩，《博弈论与经济行为》第 3 章，普林斯顿大学出版社，普林斯顿，1947 年。

第 6 章

The Essential John Nash

非合作博弈[⊖]

纳什博士论文传真件(1950 年 5 月)

约翰 F. 纳什

摘要:本文介绍了一种非合作博弈概念,并详细阐述了分析此类博弈的数学方法。文中所考虑的博弈情形是用纯策略以及针对纯策略组合定义的用效用函数表示的多人博弈。

合作博弈与非合作博弈间的区别,与借助纯策略和效用函数用数学描述博弈无关。相反,这种区别取决于合作、沟通及单边效用的可能性或不可能性。

以数学定义的方式引入了均衡点、解、强解、次解和值等概念。在稍后章节讨论非合作博弈时将对这些概念进行解释说明。

主要数学成果是对"任何博弈均至少存在一个均衡点"的证明。其他成果包括"有解博弈的均衡点集几何结构""次解几何结构",以及"对称均衡点在对称博弈中的存在性"。

通过一个简单的三人扑克模型的处理对应用我们理论的可能性做了说明。

⊖ 这是纳什提交给普林斯顿大学数学系申请哲学博士学位的一篇论文。

目 录

引言

冯·诺依曼和摩根斯坦恩在他们的《博弈论与经济行为》一书中详细阐述了一种极富成果的双人零和博弈理论。同时，该书还包含了一种我们可称为"多人合作博弈"的理论。分析可能形成的博弈参与者合作之间的相互关系构成了这种多人合作博弈理论的基础。

相比之下，我们的理论是基于非合作的。在这种情况下，假设各参与者独立采取行动，不与他人合作或沟通。

"均衡点"概念是我们理论的基本组成部分。这一概念对双人零和博弈的解概念进行了泛化。结果，双人零和博弈的均衡点集就是所有反"最佳策略"点对集。

[一] 该页码为本书中的页码，非原论文页码。——译者注

接下来，我们将给出均衡点的定义并证明：一个有限非合作博弈总是至少存在一个均衡点。我们还将引入非合作博弈的"可解性"和"强可解性"概念并证明"可解博弈均衡点集几何结构定理"。

作为应用我们理论的一个实例，我们还提供了一个"简化三人扑克游戏"解。

本文还专门安排一章对本理论使用相关数学概念的动机与解释进行了讨论。

形式化定义与术语

在这一部分，我们定义了本文的基本概念并建立了标准术语和符号，重要定义用子标题的形式突出表示。以下对"非合作"概念的说明是隐式的，而非显式的。

有限博弈

我们认为，多人博弈是指由 n 个参与者或 n 个角色构成的某个集合，每个参与者或角色均拥有一个相关的有限纯策略集；效用函数 P_i 对应于参与者 i，该函数将所有纯策略 n 元组集映射为实数。我们用"n 元组"表示由 n 个元素构成的某个集合，其中每个元素代表一个不同的参与者。

混合策略(s_i)

参与者 i 的某种混合策略是一个具有单位和的非负数集合，这些非负数与该参与者的纯策略一一对应。

我们用 $s_i = \sum_\alpha c_{i\alpha} \pi_{i\alpha} (\sum_\alpha c_{i\alpha} = 1$ 且 $c_{i\alpha} \geqslant 0)$ 来表示这样一种混合策略，这里 $\pi'_{i\alpha}s$ 是参与者 i 的纯策略集。我们用 $s'_i s$ 来表示其顶点为 $\pi'_{i\alpha}s$ 的单纯形上

的点。可认为该单纯形是某个实向量空间上的一个顶点子集，这为我们提供了一种处理混合策略线性组合的自然方法。

我们将用下标 i，j，k 表示参与者，α，β，γ 表示某个参与者的不同纯策略。符号 s_i，t_i 和 r_i 等表示混合策略，$\pi_{i\alpha}$ 表示第 i 个参与者的第 α 种纯策略等。

效用函数(p_i)

上述有限博弈定义中所使用的效用函数 p_i，具有一种对混合策略 n 元组的独特可扩展性，该可扩展性在各参与者的混合策略中是线性的(n-线性)。我们同样用 p_i 来表示这种可扩展性，记作 $p_i(s_1, s_2, \cdots, s_n)$。

我们用 s 和 t 来表示某个混合策略 n 元组，并且，如果 $s=(s_1, s_2, \cdots, s_n)$，则 $p_i(s)$ 将表示 $p_i(s_1, s_2, \cdots, s_n)$。这样一个 n 元组 s 也被认为是某个向量空间(包含混合策略的向量空间的积空间)的一个点。当然，所有此类 n 元组集形成了一个凸多面形(表示混合策略的单纯形的积)。

为方便起见，我们引入替代符号 $(s; t_i)$ 来表示 $(s_1, s_2, \cdots, s_{i-1}, t_i, s_{i+1}, \cdots, s_n)$，这里 $s=(s_1, s_2, \cdots, s_n)$。我们用 $(s; t_i; r_j)$ 等表示连续替代 $((s; t_i); r_j)$ 的结果。

均衡点

当且仅当所有 i 均满足

$$p_i(s) = \max_{\text{所有} r_i's}[p_i(s; r_i)] \tag{6-1}$$

n 元组 s 是一个均衡点。

因此，一个均衡点就是在其他参与者策略保持不变的情况下，使各参与者的混合策略充分利用其效用的某个 n 元组 s。这样，相对于其他参与者的策略来说，各参与者的策略都是最优的。我们会偶尔使用 eq. pt 来表示均衡点。

如果 $s_i = \sum_\alpha c_{i\alpha}\pi_{i\alpha}$ 且 $c_{i\beta}>0$，则我们可以说某个混合策略 s_i 使用了纯策略 $\pi_{i\beta}$。如果 $\mathscr{s}=(s_1, s_2, \cdots, s_n)$ 且 s_i 使用了 $\pi_{i\alpha}$，则我们也可以说 $\mathscr{s}$ 使用了 $\pi_{i\alpha}$。

由 s_i 中 $p_i(s_1, s_2, \cdots, s_n)$ 的线性，有

$$\max_{所有 r_i's}[p_i(\mathscr{s}; r_i)] = \max_\alpha[p_i(\mathscr{s}; \pi_{i\alpha})] \tag{6-2}$$

我们定义 $p_{i\alpha}(\mathscr{s})=p_i(\mathscr{s}; \pi_{i\alpha})$，那么我们可获得 $\mathscr{s}$ 为均衡点的以下一般充分必要条件：

$$p_i(\mathscr{s}) = \max_\alpha p_{i\alpha}(\mathscr{s}) \tag{6-3}$$

如果 $\mathscr{s}=(s_1, s_2, \cdots, s_n)$ 且 $s_i = \sum_\alpha c_{i\alpha}\pi_{i\alpha}$，那么 $p_i(\mathscr{s}) = \sum_\alpha c_{i\alpha}p_{i\alpha}(\mathscr{s})$，因此要使式 (6-3) 保持不变，就必须在 $p_{i\alpha}(\mathscr{s})<\max_\beta p_{i\beta}(\mathscr{s})$ 时使 $c_{i\alpha}=0$，也就是说，$\mathscr{s}$ 不会使用 $\pi_{i\alpha}$，除非它对参与者 i 而言是最佳纯策略。因此有

$$p_{i\alpha}(\mathscr{s}) = \max_\beta p_{i\beta}(\mathscr{s}), \text{若 } \mathscr{s} \text{ 使用了 } \pi_{i\alpha} \tag{6-4}$$

作为判断均衡点的另一个充分必要条件。

既然判断均衡点的准则式 (6-3) 可以表示为 n 元组 $\mathscr{s}$ 空间上两个连续函数的等式，那么很显然，所有均衡点共同形成了该空间的一个封闭子集。实际上，该子集是由从其他代数簇中截取的若干代数簇片段形成的。

均衡点的存在性

我之前运用角谷静夫广义不动点定理对以下结果进行了证明（《美国国家科学院学报》，1950，36：48-49）。这里给出的证明运用了布劳威尔不动点定理。

该方法建立了一个连续映射序列$ʂ→ʂ'(ʂ，1)$；$ʂ'(ʂ，2)$；…，该序列的不动点使用某个均衡点作为有限点，存在一个有限但不连续且无需任何不动点的映射。

定理1 每个有限博弈均存在一个均衡点。

证明：使用我们的标准符号，$ʂ$ 表示某个混合策略 n 元组，$p_{iα}(ʂ)$ 表示在参与者 i 采用纯策略 $π_{iα}$，而其他参与者各自采用其在 $ʂ$ 中的混合策略时参与者 i 的效用。对任意整数 $λ$，我们定义 $ʂ$ 的以下连续函数：

$$q_i(ʂ) = \max_α p_{iα}(ʂ)$$

$$\phi_{iα}(ʂ,λ) = p_{iα}(ʂ) - q_i(ʂ) + 1/λ, \quad 及$$

$$\phi_{iα}^+(ʂ,λ) = \max[0, \phi_{iα}(ʂ,λ)]$$

现在，

$$\sum_α \phi_{iα}^+(ʂ,λ) \geqslant \max_α \phi_{iα}^+(ʂ,λ) = 1/λ > 0$$

所以

$$c'_{iα}(ʂ,λ) = \frac{\phi_{iα}^+(ʂ,λ)}{\sum_β \phi_{iβ}^+(ʂ,λ)} \quad 是连续的$$

定义

$$s'_i(ʂ,λ) = \sum_α π_{iα} c'_{iα}(ʂ,λ), \quad 及$$

$$ʂ'(ʂ,λ) = (s'_1, s'_2, \cdots, s'_n)$$

由于所有运算均保持连续，故映射 $ʂ→ʂ'(ʂ，λ)$ 是连续的，并且由于 n 元组 $ʂ$ 的空间是一个小单元，所以对每个 $λ$ 而言，必定存在一个不动点与之对应。因此，将存在一个收敛于 $ʂ^*$ 的子序列 $ʂ_μ$，这里 $ʂ_μ$ 由映射 $→ʂ'(ʂ，λ(μ))$ 固定。

现在假设 $ʂ^*$ 不是一个均衡点。那么，若 $ʂ^* = (s_1^*，\cdots，s_n^*)$，则其中某个分量 s_i^* 相对其它分量而言必定不是最优的，这就是说 s_i^* 采用了某种非最优的纯策略 $π_{iα}$[见式(6-4)]。这表明

$$p_{iα}(ʂ^*) < q_i(ʂ^*)$$

即 $p_{ia}(\delta^*) - q_i(\delta^*) < -\varepsilon$ 成立。

考虑到连续性，若 μ 足够大，则

$$\left| [p_{ia}(\delta_\mu) - q_i(\delta_\mu)] - [p_{ia}(\delta^*) - q_i(\delta^*)] \right| < \varepsilon/2 \text{ 且 } 1/\lambda(\mu) < \varepsilon/2$$

另外有，$p_{ia}(\delta_\mu) - q_i(\delta_\mu) + 1/\lambda(\mu) < 0$，当 $\phi_{ia}^+(\delta_\mu, \lambda(\mu)) = 0$ 且 $c'_{ia}(\delta_\mu, \lambda(\mu)) = 0$ 时，该式简化为 $\phi_{ia}(\delta_\mu, \lambda(\mu)) < 0$。由最后一个等式可知，因为 $\delta_\mu = \sum_\alpha \pi_{ia} c'_{ia}(\delta_\mu, \lambda(\mu))$ 且 δ_μ 是一个不动点，所以 δ_μ 没有使用 π_{ia}。

且因为 $\delta_\mu \rightarrow \delta^*$，故 δ^* 没有使用 π_{ia}，这与我们的假设相矛盾。

所以，δ^* 实际上是一个均衡点。

博弈的对称性

某个博弈的自同构或对称是指该博弈纯策略的某个排列组合，该组合满足如下所述的一定条件。

如果某个单一参与者拥有两项策略，则该两项策略必定会成为另一个单一参与者的两项策略。因此，如果 ϕ 是纯策略的排列组合，则它引入了参与者的某个排列组合 ψ。

因此，每个纯策略 n 元组均被排列组合进了另一个纯策略 n 元组。我们可用 χ 来表示这些所引入的 n 元组的排列组合。设 ξ 为某个纯策略 n 元组，$p_i(\xi)$ 为采用 n 元组 ξ 时参与者 i 的效用。我们要求：

$$\text{若 } j = i^\psi, \text{ 则 } p_j(\xi^\chi) = p_i(\xi)$$

该式给出了对称的定义。

排列组合 ϕ 具有某种独特的线性扩展性，可扩展至混合策略：

$$\text{若 } s_i = \sum_\alpha c_{ia}\pi_{ia}, \text{ 则定义 } (s_i)^\phi = \sum_\alpha c_{ia}(\pi_{ia})^\phi$$

很显然，将 ϕ 扩展至混合策略使 χ 也扩展至混合策略 n 元组。我们仍用

χ 来表示这一扩展。

我们将某个博弈的一个对称 n 元组 $\mathfrak{s}$ 定义为：

$$对所有 \chi's，有 \mathfrak{s}^{\chi} = \mathfrak{s}$$

当然，χ 表示根据 ϕ 的对称性推导出的某个排列组合。

定理 4 任何有限博弈都拥有一个对称均衡点。

证明： 首先，我们注意到 $s_{i0} = \dfrac{\sum_{\alpha} \pi_{i\alpha}}{\sum_{\alpha} i}$ 具有属性 $(s_{i0})^{\phi} = s_{j0}$，其中 $j = i^{\psi}$，

因此对任意 χ，n 元组 $\mathfrak{s}_0 = (s_{10}, s_{20}, \cdots, s_{n0})$ 均不动，所以任何博弈都拥有至少一个对称 n 元组。

若 $\mathfrak{s} = (s_1, s_2, \cdots, s_n)$ 且 $t = (t_1, t_2, \cdots, t_n)$ 对称，则

$$\frac{(\mathfrak{s}+t)}{2} = \left(\frac{s_1+t_1}{2}, \frac{s_2+t_2}{2}, \cdots, \frac{s_n+t_n}{2} \right) 也对称$$

因为 $\mathfrak{s}^{\chi} = \mathfrak{s} \leftrightarrow s_j = (s_i)^{\phi}$，其中 $j = i^{\psi}$，所以

$$\frac{(s_j+t_j)}{2} = \frac{(s_i)^{\phi} + (t_i)^{\phi}}{2} = \frac{(s_i+t_i)^{\phi}}{2}$$

即 $\dfrac{(\mathfrak{s}+t)^{\chi}}{2} = \dfrac{\mathfrak{s}+t}{2}$

这表明，由于 n 元组空间明显封闭，所以对称 n 元组集是该空间的一个顶点子集。

现在注意到，对每个 λ 而言，在证明存在性定理的过程中所使用的映射 $\mathfrak{s} \to \mathfrak{s}'(\mathfrak{s}, \lambda)$ 是从本质上来定义的。因此，如果 $\mathfrak{s}_2 = \mathfrak{s}'(\mathfrak{s}_1, \lambda)$ 且 χ 是该博弈的一个自同构，则我们有 $\mathfrak{s}_2^{\chi} = \mathfrak{s}'(\mathfrak{s}_1^{\chi}, \lambda)$；如果 $\mathfrak{s}_1$ 对称 $\mathfrak{s}_1^{\chi} = \mathfrak{s}_1$，则 $\mathfrak{s}_2^{\chi} = \mathfrak{s}'(\mathfrak{s}_1^{\chi}, \lambda) = \mathfrak{s}_2$。因此，该映射将对称的 n 元组集映射到了其自身。

由于该 n 元组集是一个小单元，故必定存在一个对称的不动点 $\mathfrak{s}_{\lambda}$。而且，

如存在性定理的证明所示，我们能获得一个必定对称的有限点s^*。

解

我们在此定义解、强解和次解。一个非合作博弈并不一定有解，但若它有解，则一定是唯一的，强解是指具有特殊属性的解；次解必定存在且具有除惟一性之外的许多解属性。

S_i 表示参与者 i 的某个混合策略集，$\mathfrak{S}$ 表示一个混合策略 n 元组集。

可解性

如果某个博弈的均衡点集$\mathfrak{S}$ 满足条件

$$(t; r_i) \in \mathfrak{S} \text{ 且} s \in \mathfrak{S} \rightarrow \text{对所有 } i's\text{，有}(s; r_i) \in s \qquad (6\text{-}5)$$

则称其为可解博弈。

该条件被称为"可互换性条件"。一个可解博弈的解就是其均衡点集s 。

强可解性

如果某个博弈有满足以下条件的解s ：

$$\text{对所有 } i's\text{，} s \in \mathfrak{S} \text{ 且 } p_i(s; r_i) = p_i(s) \rightarrow (s; r_i) \in \mathfrak{S}$$

则称$\mathfrak{S}$ 为一个强解。

均衡策略

假设 S_i 表示某个可解博弈的所有混合策略 s_i 的集合且存在某个 t 使得$(t; s_i)$ 是一个均衡点。s_i 是某个均衡点的第 i 个分量，则我们称 S_i 为参与者 i 的均衡策略集。

次解

如果$\mathfrak{S}$是某个博弈均衡点集的一个子集且满足条件式(6-1)，以及如果$\mathfrak{S}$是相对于这一属性的最大值，则我们称$\mathfrak{S}$为一个次解。

对任意次解$\mathfrak{S}$，我们将第i个因子集S_i定义为：对所有$s'_i\mathfrak{S}$集合，存在某个t，使$\mathfrak{S}$包含(t；s_i)。

注意，如果某个次解是惟一的，则它就是一个解，且其因子集为均衡策略集。

定理2 次解$\mathfrak{S}$是使得$s_i\in S_i$均成立的所有n元组$(s_1,s_2,\cdots,s_n)$集，这里S_i是指$\mathfrak{S}$的第i个因子集。用几何学术语来讲，$\mathfrak{S}$是其因子集的积。

证明：考虑这样一个n元组$(s_1,s_2,\cdots,s_n)$。根据定义，$\exists t_1,t_2,\cdots,t_n$使得对所有$i$均有$(t_i；s_i)\in\mathfrak{S}$。将条件式(6-5)迭代$n-1$次，我们可成功得到$(t_1；s_1)\in\mathfrak{S}$，$(t_1；s_1；s_2)\in\mathfrak{S}$，$\cdots$，$(t_1；s_1；s_2；s_3；\cdots；s_n)\in\mathfrak{S}$，最后一项就是$(s_1,s_2,\cdots,s_n)\in\mathfrak{S}$，这正是我们要证明的。

定理3 某个次解的因子集S_1，S_2，$\cdots$，S_n是封闭的且是该混合策略空间的凸子集。

证明：这足以说明两个要点：① 若s_i和$s'_i\in S_i$，则$s^*_i=(s_i+s'_i)/2\in S_i$；② 若$s^{\#}_i$是$S_i$的一个有限点，则$s^{\#}_i\in S_i$。

假设$t\in\mathfrak{S}$，则对任意r_j，运用判断均衡点的准则式(6-1)，我们有$p_j(t；s_i)\geq p_j(t；s_i；r_j)$及$p_j(t；s'_i)\geq p_j(t；s'_i；r_j)$。将这些不等式相加并利用$s_i$中$p_j(s_1,\cdots,s_n)$的线性以及用2除，因为$s^*_i=(s_i+s'_i)/2$，所以我们可得$p_j(t；s^*_i)\geq p_j(t；s^*_i；r_j)$。由此我们知道，对任意$t\in\mathfrak{S}$，$(t；s^*_i)$是

一个均衡点。如果将所有此类均衡点$(t；s_i^*)$的集合添加到$\mathfrak{S}$，则该扩张后的集合显然满足条件式(6-5)，且因为$\mathfrak{S}$取最大值，故可得出$s_i^* \in S_i$。

为证明②，注意：因为$s_i^\#$是S_i的一个有限点，所以当$t \in \mathfrak{S}$时，n元组$(t；s_i^\#)$将是形如$(t；s_i)$的n元组集合的一个有限点，这里$s_i \in S_i$。因为所有均衡点的集合是封闭的，所以该集合是一个均衡点集，且其闭包中的任意点都是均衡点。因此，与对s_i^*的论证一样，$(t；s_i^\#)$是一个均衡，从而$s_i^\# \in S_i$。

值

设$\mathfrak{S}$是某个博弈的均衡点集合。我们定义

$$v_i^+ = \max_{\mathfrak{s} \in \mathfrak{S}}[p_i(\mathfrak{s})], \quad v_i^- = \min_{\mathfrak{s} \in \mathfrak{S}}[p_i(\mathfrak{s})]$$

如果$v_i^+ = v_i^-$，则我们记作$v_i = v_i^+ = v_i^-$。v_i^+表示该博弈参与者i的值的上限，v_i^-表示该值下限，v_i为该值实际值（若存在的话）。

如果只有一个均衡点，则值显然必定存在。

可通过将$\mathfrak{S}$限制为该次解中的该均衡点，然后使用上述所定义的等式来定义某个次解的关联值。

在上述所定义的场景中，一个双人零和博弈总是可解的。均衡策略集S_1和S_2只是"最佳"策略集合。这样一种博弈通常不是强可解的，强解只有在纯策略中存在某个"马鞍点"(saddle point)时才存在。

简单例子

举这些例子是为了说明本文所定义的概念，并展示这些博弈中出现的特殊现象。

第一个参与者使用罗马字母表示的策略和左边的效用等。

例 1：   5 $a\alpha$ -3 弱解 $\left(\dfrac{9}{16}a+\dfrac{7}{16}b,\ \dfrac{7}{17}\alpha+\dfrac{10}{17}\beta\right)$

$\qquad\qquad -4$ $a\beta$ 4 $v_1=\dfrac{-5}{17},\ v_2=+\dfrac{1}{2}$

$\qquad\qquad -5$ $b\alpha$ 5

$\qquad\qquad\ \ \ 3$ $b\beta$ -4

例 2：   1 $a\alpha$ 1   强解 $(b,\ \beta)$

$\qquad\quad -10$ $a\beta$ 10

$\qquad\qquad 10$ $b\alpha$ -10 $v_1=v_2=1$

$\qquad\qquad -1$ $b\beta$ -1

例 3：   1 $a\alpha$ 1   不可解；均衡点 $(a,\ \alpha)$，$(b,\ \beta)$ 和 $(a/2+$

$\qquad\qquad -1$ $a\beta$ -1 $b/2,\ \alpha/2+\beta/2)$。最后一种情况的策略具

$\qquad\qquad\ \ \ 0$ 0   有极大极小和极小极大属性。

$\qquad\qquad -1$ $b\alpha$ -1

$\qquad\qquad\ \ \ 0$ 0

$\qquad\qquad\ \ \ 1$ $b\beta$ 1

例 4：   1 $a\alpha$ 1   强解：所有混合策略对。

$\qquad\qquad\ \ \ 0$ $a\beta$ 1 $v_1^+=v_2^+=1,\ v_1^-=v_2^-=0$

$\qquad\qquad\ \ \ 1$ $b\alpha$ 0

$\qquad\qquad\ \ \ 0$ $b\beta$ 0

例 5：   1 $a\alpha$ 2   不可解；均衡点均衡点 $(a,\ \alpha)$，$(b,\ \beta)$ 和

$\qquad\qquad -1$ $a\beta$ -4 $(a/4+3b/4,\ 3\alpha/8+5\beta/8)$。不过，实证

$\qquad\qquad -4$ $b\alpha$ -1 检验表现出朝向 $(a,\ \alpha)$ 的趋势。

$\qquad\qquad\ \ \ 2$ $b\beta$ 1

例 6：   1 $a\alpha$ 1   均衡点：$(a,\ \alpha)$ 和 $(b,\ \beta)$，其中 $(b,\ \beta)$ 为

$\qquad\qquad\ \ \ 0$ $a\beta$ 0   不稳定性例子。

$\qquad\qquad\ \ \ 0$ $b\alpha$ 0

$\qquad\qquad\ \ \ 0$ $b\beta$ 0

解的几何形式

在双人零和博弈情况下，某个参与者的"最佳"策略集是其策略空间的某

个凸多边形子集。针对某个参与者在任何可解博弈中的均衡策略集，我们也能得到相同的结论。

定理 4 某个可解博弈中的均衡策略集合 S_1，S_2，$\cdots$，S_n，是各自混合策略空间的凸多面子集。

证明： 当且仅当所有 i 均满足

$$p_i(\mathfrak{s}) = \max_\alpha p_{i\alpha}(\mathfrak{s}) \qquad (6\text{-}6)$$

n 元组$\mathfrak{s}$为均衡点。该等式即条件式(6-3)。对所有 i 和 α 均等价的一个条件是

$$p_i(\mathfrak{s}) - p_{i\alpha}(\mathfrak{s}) \geqslant 0 \qquad (6\text{-}7)$$

现在我们来考虑参与者 j 的均衡策略 s_j 的 S_j 集合形式。设 t 是任意均衡点，则根据定理 2，当且仅当 $s_j \in S_j$ 时，(t；s_j)为一个均衡点。现在对(t；s_j)应用条件式(6-2)，得到

$$s_j \in S_j \leftrightarrow \text{对所有} \ i,\alpha \quad p_i(t;s_j) - p_{i\alpha}(t;s_j) \geqslant 0 \qquad (6\text{-}8)$$

因为 p_i 是 n-线性的且 t 为常量，所以这些是形如 $F_{i\alpha}(S_j) \geqslant 0$ 的一组线性不等式；或者对所有 s_j，或者对位于穿越该策略单纯形的某个超平面上及一侧的 s_j，每个这样的不等式均成立。因此，在参与者 j 策略单纯形的某个凸多面子集上，该有限的完整条件集合均会得到满足（半空间相交）。

作为一个必然结论，我们可以断定：S_j 是某个有限混合策略集的凸闭包（顶点）。

支配与矛盾方法

若对所有 t，均有 $p_i(t; s_i') > p_i(t; s_i)$ 成立，则我们说 s_i' 支配 s_i。

这就是说，不管其他参与者采取什么策略，相比 s_i，s_i' 都为参与者 i 提供

了更高的效用。因为 p_i 具有 n-线性，所以要明白策略 s'_i 是否支配 s_i，只需考虑其他参与者的纯策略就足够了。

很显然，根据定义，任何均衡点均不可能包含某个支配策略 s_i。

一种混合策略对另一种混合策略的支配总是会导致其它支配。假设 s'_i 支配 s_i，且 t_i 采用的所有纯策略在 s_i 中的系数均大于在 s'_i 中的系数，那么对某个足够小的 $\rho > 0$

$$t'_i = t_i + \rho(s'_i - s_i)$$

是某项混合策略，且根据线性关系，t'_i 支配 t_i。

可以证明非支配性策略集的若干属性。该非支配性策略集的连接很简单，且它是通过合并该策略单纯形某个表面集合形成的。

只需消除作为某个均衡点可能分量的混合策略类别，那么在了解一名参与者的支配性时所获得的信息就可能与其他参与者相关。对所有其分量为非支配性的 $t's$ 均需加以考虑，且消除一名参与者的某些策略可能消除另一名参与者的某个新策略类别。

在确定均衡点的过程中可能采用的另一个步骤是矛盾型分析。在这里，我们假设存在某个均衡点，且拥有位于某些策略空间区域内的分策略及收益来推断该假设成立所必须满足的进一步条件。为了最终得到表明"没有满足初始假设的均衡点"这一矛盾结论，这种推理可能分几个阶段进行。

三人扑克游戏

作为在接近实际的情况下应用我们理论的一个例子，我们给出了以下简化扑克游戏。游戏规则如下：

1. 该副牌很大，大小牌数量相同且一张牌就是一手牌。

2. 两个筹码被用来下注、开牌或叫牌。

3. 游戏参与者轮流出牌，而且游戏在所有人都不出牌或一名参与者已开牌且其他参与者有机会叫牌之后结束。

4. 如果没人下注，则预先下的赌注被收回。

5. 否则，已下注且手握最大牌的参与者平分赌注总额。

我们发现，相比于《博弈论与经济行为》中的标准形式，用我们称为"行为参数"的分量来处理这类博弈能取得更令人满意的结果。在标准表示形式中，某个参与者的混合策略可能是等价的，从这种意义上讲，各混合策略会使该个体在以相同频度要求其采取行动的特殊情况下选择所有可用的行动方案。也就是说，他们在个人部分会表现出相同的行为模式。

行为参数给出了在可能出现的各种不同情况下可能采取各种不同行动的概率，因此它们描述了行为模式。

根据行为参数，各参与者的策略可表示如下，假设因为在其最后一次下注机会时不出牌变得毫无意义，手握一张大牌的参与者不会选择这样做。希腊字母表示各种行为出现的概率。

	第一次出牌	第二次出牌
I	α 以大牌开牌 β 以小牌开牌	κ 以小牌叫牌参与者 III λ 以小牌叫牌参与者 II μ 以小牌叫牌参与者 II 和 III
II	γ 以小牌叫牌参与者 I δ 以大牌开牌 ε 以小牌开牌牌	ν 以小牌叫牌参与者 III ξ 以小牌叫牌参与者 III 和 I
III	ζ 以小牌叫牌参与者 I 和 II η 以小牌开牌 θ 以小牌叫牌参与者 I ι 以小牌叫牌参与者 II	游戏参与者 III 不会得到第二次出牌的机会

首先，我们通过证明大部分希腊字母参数必定为零来确定所有可能的均

衡点。主要以一种小矛盾型分析为主，随 β 被淘汰的主要是 γ，ζ，θ。随后，矛盾依次淘汰了 μ，ξ，ι，λ，κ，ν，剩下 α，δ，ε，η。矛盾分析表明，这些希腊字母参数均不可能为 0 或 1，因此我们获得一个联立代数方程组。在变量取值范围为(0，1)到情况下，该方程组恰好只有一个解。于是，我们得到：

$$\alpha = \frac{21 - \sqrt{321}}{10}, \quad \eta = \frac{5\alpha + 1}{4}, \quad \delta = \frac{5 - 2\alpha}{5 + \alpha}, \quad \varepsilon = \frac{4\alpha - 1}{\alpha + 5}$$

即 $\alpha = 0.308$，$\eta = 0.635$，$\delta = 0.826$，$\varepsilon = 0.044$

因为只有一个均衡点，故该博弈有值，它们是

$$\nu_1 = -0.147 = \frac{-(1 + 17\alpha)}{8(5 + \alpha)}, \quad \nu_2 = -0.096 = -\frac{1 - 2\alpha}{4},$$

$$\nu_3 = 0.243 = \frac{79}{40}\left(\frac{1 - \alpha}{5 + \alpha}\right)$$

对合作权力的研究为不同合作提供了以下"最佳策略"和值。未提及的参数均为 0。

参与者 Ⅰ 和 Ⅱ	vs.	参与者 Ⅲ
$\alpha = 3/4$		$\iota = 1/4$，$0 \leqslant \eta \leqslant 2/3$
$\delta = \varepsilon = 1$		对参与者 Ⅲ，值为：$0.03125 = 1/32$

参与者 Ⅱ 和 Ⅲ	vs.	参与者 Ⅰ
$\delta = 1$，$\varepsilon = 0$		$\alpha = 2/3$
$\eta = 2/3$		对参与者 Ⅰ，值为：$-0.1667 = -1/6$

	参与者 Ⅰ 和 Ⅲ			Vs.	参与者 Ⅱ
大牌	小牌	$\cdots \eta = 0$	3/11		$\delta = 7/11$，$\varepsilon = 3/11$
下注	不出牌				对参与者 Ⅱ，值为：$-0.1136 = -5/44$
不出牌	不出牌	$\cdots \eta = 13/16$	8/11		

在开始游戏之前，合作的游戏参与者有权就游戏模式达成一致。这种优势只有在游戏参与者 Ⅰ 和 Ⅲ 合作的情况下才会变得明显，在游戏参与者 Ⅰ 已

计划得到大、小牌时都不出牌的情况下，游戏参与者 Ⅲ 可能在两次不出牌后开牌。但如果游戏参与者 Ⅰ 已计划在得到大牌时下注，则游戏参与者 Ⅲ 不会开牌。所给出的值当然是单个游戏参与者利用"安全"策略，来确保其自身能获益时的值。

这类博弈的更详细处理正准备在其它地方发表，将考虑相对大小不同的预下赌注和赌注。

动机与解释

在这一部分，我们将尝试对本文引入的概念进行解释，即我们将尝试证明如何把均衡点和解与可观测现象联系起来。

非合作博弈的基本要求是，在博弈开始前参与者之间不进行沟通，除非这种沟通对该博弈没有影响。因此，言外之意就是不存在合作和单方效用。因为不存在博弈之外的效应效用转移，所以不同参与者效用的不可比是有效的；如果我们对效用函数施以线性变换：$p_i' = a_i p_i + b_i$，这里 $a_i > 0$，则从根本上讲该博弈属于同一个博弈。注意，均衡点在此类变换下会得到保留。

现在我们要开始对均衡点进行"群体行为"解释。在该解释中，解没有太大的意义。没有必要假设参与者对该博弈的整体结构有全面了解，或者有完成任何复杂推理过程的能力和倾向，但参与者被认为积累了与他们所能使用的各种纯策略的相对优势有关的经验信息。

更详细地，我们假设针对该博弈的各种状态均存在一群统计学意义上的参与者与之对应。让我们进一步假设该博弈的"平均参与"包含从 n 个群体中随机选择的 n 名参与者，并且存在一种相应群体中的"普通成员"，以它来采用各种纯策略的稳定平均频度。

　　既然该博弈不同状态下的参与者之间不存在合作，那么在该博弈的某次参与中，采用某个特殊纯策略 n 元组的概率，就应该是表明 n 项纯策略中的各项策略在某次随机参与中被采用的概率之积。

　　假设 $c_{i\alpha}$ 表示 $\pi_{i\alpha}$ 在该博弈的某次随机参与中被采用的概率，设 $s_i = \sum_{\alpha} c_{i\alpha}\pi_{i\alpha}$，$\mathscr{s} = (s_1, s_2, \cdots, s_n)$，那么在采用纯策略 $\pi_{i\alpha}$ 的情况下，对参与该博弈第 i 种状态的某名个体的预期效用为 $p_i(\mathscr{s}, \pi_{i\alpha}) = p_{i\alpha}(\mathscr{s})$。

　　现在我们考虑参与者的经验会产生什么影响。我们前面假设参与者积累了与他们所能采用的纯策略有关的经验证据，也就是假设参与第 i 种状态的那些参与者知道数 $p_{i\alpha}(\mathscr{s})$。但是，如果他们知道这些，那他们将会只采用最优的纯策略，即那些满足 $p_{i\alpha}(\mathscr{s}) = \max_{\beta} p_{i\beta}(\mathscr{s})$ 的纯策略 $\pi_{i\alpha}$。结果，既然 s_i 表示他们的行为，那么 s_i 只赋予了最优纯策略正系数，故

$$s_i \text{ 使用 } \pi_{i\alpha} \Rightarrow p_{i\alpha}(\mathscr{s}) = \max_{\beta} p_{i\beta}(\mathscr{s})$$

但这只是 $\mathscr{s}$ 为均衡点的一个条件 [见式 (6-4)]。

　　因此，我们在"群体行为"解释中所做的假设导致了这样一个结论：代表各群体平均性态的混合策略形成了一个均衡点。

　　如果保持假设不变，则群体规模不需很大。经济或国际政治中存在这样的情况——某个利益集团在不知情的情况下有效地参与了某个非合作博弈，这种不知情有助于使这种博弈具有真正的非合作性。

　　当然，实际上我们只能预期某种类型的近似均衡，因为此类信息、此类信息的利用以及该平均频度的稳定性都会是有缺陷的。

　　我们现在概述另一种解释，在这种解释中，解起到了很重要的作用，而且这种解释适用于某种一次性博弈。

　　我们继续来解释这个问题：怎样才是"合理地"预测理性参与所讨论博弈的预期行为？通过利用以下原则：合理预测应是唯一的；参与者应能够推断

和利用该预测；各参与者预期其他参与者会采取什么行为的此类知识不应使他采取不符合预期的行为。这样，我们就有了前面所定义的解的概念。

若 S_1，S_2，$\cdots$，S_n 是某个可解博弈的均衡策略集，则"合理"预测应该是："如果进行某种试验的话，参与第 i 种状态博弈的理性参与者的平均性态将定义 S_i 的某种混合策略 s_i。"

在这种解释中，我们需要假设参与者了解该博弈的整个结构以便能为他们自己推断出该预测，这是一种十分强烈的理性主义和理想化解释。

在一个不可解博弈中，有时会出现这种情况：可能会找到最佳启发式推理来将均衡点集范围缩小至某个单一次解，该次解随后起到了解的作用。

一般来讲，一个次解可被看作是一个相容均衡点集，次解似乎给出了博弈均衡点集的一个自然细分。

应用

对公认的多人博弈公平参与准则的研究表明，非合作参与无疑是应用本理论的方向之一。扑克牌是最显而易见的目标。相较于我们十分简单的模型，对更接近实际的扑克牌游戏进行分析应是一件非常有意思的事情。

然而，对一项完整的调查研究而言，随着博弈复杂程度的加深，所需数学工作的复杂性也迅速增加，因此，对比这里给出的例子复杂得多的博弈进行分析，也许只有在使用近似计算方法时才有可能。

一个不太明显的应用类型是对合作博弈的研究。关于合作博弈，我们指的是一种照例涉及一系列参与者、纯策略和效用函数的情况，但假设参与者能够而且会像他们在冯·诺依曼和摩根斯坦恩理论中那样进行合作，这意味着参与者可能交流并可能在某个裁判的强制要求下形成合作关系。不过，对效用函数(应该用效用单位表示)的可转换性或甚至可比较性做出假设是对不同参与者的不必要限制。任何预期的可转换性均能纳入该博弈本身,而不是在博弈之外的合作中假设这种可能性。

通过还原至非合作形式,本章作者设计出了研究合作博弈的一种"动态"方法。我们可以继续构建一个博弈前谈判模型,来使谈判步骤成为某个大型非合作博弈(将拥有描述整体情境的无限纯策略)中的活动。

随后,根据本章理论对这种大型博弈进行处理并将其扩展至无限博弈,而且如果取得了值,则将它们作为该合作博弈的值。因此,对某个合作博弈问题的分析,就变成了获得一个合适且令人信服的非合作谈判模型。

通过这样的处理,本章作者已经获得了所有有限双人合作博弈及某些特殊多人博弈的值。

参考文献

1. von Neumann, Morgenstern, *Theory of Games and Economic Behavior*, Princeton University Press, 1944.
2. J. F. Nash, Jr., *Equilibrium Points in n-Person Games*, Proc. Nat. Acad. Sci. U.S.A. 36 (1950) 48–49.

致谢

塔克尔博士、盖尔博士和库恩博士对改进本章材料的论述给出了极有价值的批评和建议。戴维·盖尔建议对对称博弈进行研究。扑克牌模型的求解是劳埃德 S. 沙普利与本章作者共同进行的一项课题。最后,在进行这项研究的 1949～1950 年,美国原子能委员会向本章作者提供了持续资助。

第 7 章
The Essential John Nash

非合作博弈[⊖]

（1950 年 10 月 2 日收到）

约翰 F. 纳什

引言

冯·诺依曼和摩根斯坦恩在他们的《博弈论与经济行为》一书中详细阐述了一种极富成果的双人零和博弈理论，同时，该书还包含了一种我们可称为多人合作博弈的理论。分析可能形成的博弈参与者合作之间的相互关系构成了这种多人合作博弈理论的基础。

相比之下，我们的理论是基于非合作的。在这种情况下，假设各参与者独立采取行动，不与他人合作或沟通。

"均衡点"概念是我们理论的基本组成部分，这一概念对双人零和博弈的解概念进行了泛化。结果，双人零和博弈的均衡点集就是所有反"最佳策略"点的对集。

在接下来的章节中，我们将给出均衡点的定义并证明：一个有限非合作

⊖ 第 6 章和第 7 章章名一样。第 6 章是纳什博士论文原件（初版），第 7 章是修改后的定稿（终版），相比有少量修改。中文版对应原书保留两章，以体现纳什修改的痕迹。——译者注

博弈总是至少存在一个均衡点。我们还将引入非合作博弈的"可解性"和"强可解性"概念，并证明"可解博弈均衡点集几何结构定理"。

作为应用我们理论的一个实例，我们还提供了一个"简化三人扑克游戏"解。

形式化定义与术语

在这一部分，我们定义了本章的基本概念并建立了标准术语和符号，重要定义用子标题的形式突出表示。以下对"非合作"概念的说明是隐式的而非显式的。

有限博弈

我们认为，多人博弈是指由 n 个参与者或 n 个角色构成的某个集合，每个参与者或角色均拥有一个相关的有限纯策略集；效用函数 p_i 对应于参与者 i，该函数将所有纯策略 n 元组集映射为实数。我们用"n 元组"表示由 n 个元素构成的某个集合，其中每个元素代表一个不同的参与者。

混合策略(s_i)

参与者 i 的某种混合策略是一个具有单位和的非负数集合，这些非负数与该参与者的纯策略一一对应。

我们用 $s_i = \sum_\alpha c_{i\alpha}\pi_{i\alpha}$ ($\sum_\alpha c_{i\alpha} = 1$ 且 $c_{i\alpha} \geqslant 0$) 来表示这样一种混合策略，这里 $\pi'_{i\alpha}s$ 是参与者 i 的纯策略集。我们用 s'_is 来表示其顶点为 $\pi'_{i\alpha}s$ 的单纯形上的点。可认为该单纯形是某个实向量空间上的一个顶点子集，这为我们提供了一种处理混合策略线性组合的自然方法。

我们将用下标 i，j，k 表示参与者，α，β，γ 表示某个参与者的不同纯策略。符号 s_i，t_i，r_i 等表示混合策略；$\pi_{i\alpha}$ 表示第 i 个参与者的第 α 种纯策略等。

效用函数（p_i）

上述有限博弈定义中所使用的效用函数 p_i 具有一种对混合策略 n 元组的独特可扩展性，该可扩展性在各参与者的混合策略中是线性的（n-线性）。我们同样用 p_i 来表示这种可扩展性，记作 $p_i(s_1, s_2, \cdots, s_n)$。

我们用 s 和 t 来表示某个混合策略 n 元组，并且如果 $s = (s_1, s_2, \cdots, s_n)$，则 $p_i(s)$ 将表示 $p_i(s_1, s_2, \cdots, s_n)$。这样一个 n 元组 s 也被认为是某个向量空间（包含混合策略的向量空间的积空间）的一个点。当然，所有此类 n 元组集形成了一个凸多面形（表示混合策略的单纯形的积）。

为方便起见，我们引入替代符号 $(s; t_i)$ 来表示 $(s_1, s_2, \cdots, s_{i-1}, t_i, s_{i+1}, \cdots, s_n)$，这里 $s = (s_1, s_2, \cdots, s_n)$。我们用 $(s; t_i; r_j)$ 等表示连续替代 $((s; t_i); r_j)$ 的结果。

均衡点

当且仅当所有 i 均满足

$$p_i(s) = \max_{\text{所有} r_i's}[p_i(s; r_i)] \tag{7-1}$$

n 元组 s 是一个均衡点。

因此，一个均衡点就是在其他参与者策略保持不变的情况下，使各参与者的混合策略充分利用其效用的某个 n 元组 s。这样，相对于其他参与者的策略来说，各参与者的策略都是最优的。我们会偶尔使用 eq. pt 来表示均衡点。

如果 $s_i = \sum_{\beta} c_{i\beta}\pi_{i\beta}$ 且 $c_{i\alpha} > 0$，则我们可以说某个混合策略 s_i 使用了纯策略

π_{ia}。如果 $s=(s_1, s_2, \cdots, s_n)$ 且 s_i 使用了 π_{ia}，则我们也可以说 s 使用了 π_{ia}。

由 s_i 中 $p_i(s_1, s_2, \cdots, s_n)$ 的线性，有

$$\max_{所有 r'_i}[p_i(s; r_i)] = \max_{\alpha}[p_i(s; \pi_{ia})] \tag{7-2}$$

定义 $p_{ia}(s) = P_i(s; \pi_{ia})$，那么我们可获得 s 为均衡点的以下一般充分必要条件

$$p_i(s) = \max_{\alpha} p_{ia}(s) \tag{7-3}$$

如果 $s=(s_1, s_2, \cdots, s_n)$ 且 $s_i = \sum_{\alpha} c_{ia}\pi_{ia}$，那么 $p_i(s) = \sum_{\alpha} c_{ia} p_{ia}(s)$，因此要使式(7-3)保持不变，就必须在 $p_{ia}(s) < \max_{\beta} p_{i\beta}(s)$ 时使 $c_{ia}=0$，也就是说，s 不会使用 π_{ia}，除非它对参与者 i 而言是最佳纯策略。因此有

$$p_{ia}(s) = \max_{\beta} p_{i\beta}(s)，若 s 使用了 \pi_{ia} \tag{7-4}$$

作为判断均衡点的另一个充分必要条件。

既然判断均衡点的准则式(7-3)可以表示为 n 元组 s 空间上 n 对连续函数的等式，那么很显然，所有均衡点共同形成了该空间的一个封闭子集。实际上，该子集是由从其他代数簇中截取的若干代数簇片段形成的。

均衡点的存在性

运用角谷静夫广义不动点定理对该存在性定理的证明（发表在《美国国家科学院学报》，1950，36：48-49）。这里给出的证明相比前一个版本有了极大的改进，并且直接运用了布劳威尔不动点定理。我们继续构建 n 元组空间的一个连续变换 T，使 T 的不动点成为该博弈的均衡点。

定理 1 每个有限博弈均存在一个均衡点。

证明：设 s 表示某个混合策略 n 元组，$p_i(s)$ 对应参与者 i 的效用，$p_{ia}(s)$ 表示参与者 i 采用第 α 种纯策略 π_{ia}，而其他参与者继续采用他们各自在 s 中的混合策略时参与者 i 的效用。我们定义 s 的以下连续函数

$$\varphi_{ia}(s) = \max(0, p_{ia}(s) - p_i(s))$$

并且对 s 的每个分量 s_i，我们定义一个修正值 s_i'

$$s_i' = \frac{s_i + \sum_{\alpha} \varphi_{ia}(s)\pi_{ia}}{1 + \sum_{\alpha} \varphi_{ia}(s)}$$

称 s' 为 n 元组 $(s_1', s_2', s_3', \cdots, s_n')$。

我们现在必须证明映射 $T: s \rightarrow s'$ 的不动点是均衡点。

首先考虑任意 n 元组 s。在 s 中，第 i 个参与者的混合策略 s_i 将使用他的某些纯策略。这些策略中的某一个（比如 π_{ia}）必定是"获利最少的"，因此 $p_{ia}(s) \leqslant p_i(s)$。这将使 $\varphi_{ia}(s) = 0$。

现在，如果该 n 元组 s 恰好在 T 下是不动的，则 s_i 中使用的 π_{ia} 这一部分必定不会因 T 而缩小。因此，对所有 $\beta's$ 而言，为了防止定义 s_i' 的表达式的分母大于 1，$\varphi_{i\beta}(s)$ 必须为 0。

因此，如果 s 在 T 下不动，则对任意的 i，有 $\beta \varphi_{i\beta}(s) = 0$。这意味着没有参与者能通过转向某种纯策略 $\pi_{i\beta}$ 来增加其效用。不过这只是判断均衡点的一条准则[见式(7-2)]。

相反，如果 s 是一个均衡点，则所有 $\varphi's$ 都会立即为零，从而使得 s 成为 T 下的一个不动点。

因为 n 元组空间是一个小单元，所以根据布劳威尔不动点定理，T 必定有至少一个不动点 s 为均衡点。

博弈的对称性

某个博弈的自同构或对称是指该博弈纯策略的某个排列组合，该组合满足如下所述的一定条件。

如果某个单一参与者拥有两项策略，则该两项策略必定会成为另一个单一参与者的两项策略。因此，如果 ϕ 是纯策略的排列组合，则它引入了参与者的某个排列组合 ψ。

因此，每个纯策略 n 元组均被排列组合进了另一个纯策略 n 元组。我们可用 χ 来表示这些所引入的 n 元组的排列组合。设 ξ 为某个纯策略 n 元组，$p_i(\xi)$ 为采用 n 元组 ξ 时参与者 i 的效用。我们要求：

$$\text{若 } j = i^\psi, \text{则 } p_j(\xi^\chi) = p_i(\xi)$$

该式给出了对称的定义。

排列组合 ϕ 具有某种独特的线性扩展性，可扩展至混合策略：

$$\text{若 } s_i = \sum_\alpha c_{i\alpha}\pi_{i\alpha}, \text{则定义}(s_i)^\phi = \sum_\alpha c_{i\alpha}(\pi_{i\alpha})^\phi$$

很显然，将 ϕ 扩展至混合策略使 χ 也扩展至混合策略 n 元组。我们仍用 χ 来表示这一扩展。

我们将某个博弈的一个对称 n 元组 $\mathcal{S}$ 定义为

$$\text{对所有 } \chi's, \text{有} \mathcal{S}^\chi = \mathcal{S}$$

定理 2 任何有限博弈都拥有一个对称均衡点。

证明：首先，我们注意到 $s_{i0} = \dfrac{\sum_\alpha \pi_{i\alpha}}{\sum_\alpha i}$ 具有属性 $(s_{i0})^\phi = s_{j0}$，其中 $j = i^\psi$，

因此对任意 χ，n 元组 $\mathfrak{s}_0 = (s_{10}, s_{20}, \cdots, s_{n0})$ 均不动，所以任何博弈都拥有至少一个对称 n 元组。

若 $\mathfrak{s} = (s_1, s_2, \cdots, s_n)$ 且 $\mathfrak{t} = (t_1, t_2, \cdots, t_n)$ 对称，则

$$\frac{(\mathfrak{s}+\mathfrak{t})}{2} = \left(\frac{s_1+t_1}{2}, \frac{s_2+t_2}{2}, \cdots, \frac{s_n+t_n}{2}\right) 也对称$$

因为 $\mathfrak{s}^\chi = \mathfrak{s} \leftrightarrow s_j = (s_i)^\phi$，其中 $j = i^\psi$，因此

$$\frac{(s_j + t_j)}{2} = \frac{(s_i)^\phi + (t_i)^\phi}{2} = \frac{(s_i + t_i)^\phi}{2}$$

即 $\dfrac{(\mathfrak{s}+\mathfrak{t})^\chi}{2} = \dfrac{\mathfrak{s}+\mathfrak{t}}{2}$

这表明，由于 n 元组空间明显封闭，所以对称 n 元组集是该空间的一个顶点子集。

现在注意到，在证明存在性定理的过程中所使用的映射 $T: \mathfrak{s} \to \mathfrak{s}'$ 是从本质上来定义的。因此，若 $\mathfrak{s}_2 = T\mathfrak{s}_1$ 且 χ 是该博弈的一个自同构，则我们有 $\mathfrak{s}_2^\chi = T\mathfrak{s}_1^\chi$；若 $\mathfrak{s}_1$ 对称 $\mathfrak{s}_2^\chi = \mathfrak{s}_1$，则 $\mathfrak{s}_2^\chi = T\mathfrak{s}_1 = \mathfrak{s}_2$。因此，该映射将对称的 n 元组集映射到了其自身。

由于该 n 元组集是一个小单元，故必定存在一个对称的不动点 $\mathfrak{s}$ 为均衡点。

解

我们在此定义解、强解和次解。一个非合作博弈并不一定有解，但若它有解，则一定是唯一的。强解是指具有特殊属性的解；次解必定存在且具有除唯一性之外的许多解属性。

S_i 表示参与者 i 的某个混合策略集，$\mathfrak{S}$ 表示一个混合策略 n 元组集。

可解性

如果某个博弈的均衡点集 $\mathfrak{S}$ 满足条件

$$(t;r_i) \in \mathfrak{S} \text{ 且 } \delta \in \mathfrak{S} \rightarrow \text{ 对所有 } i's, \text{ 有}(\delta;r_i) \in \mathfrak{S} \qquad (7\text{-}5)$$

则称其为可解博弈。

该条件被称为"可互换性条件"。一个可解博弈的解就是其均衡点集 $\mathfrak{S}$。

强可解性

如果某个博弈有满足以下条件的解 $\mathfrak{S}$：

$$\text{对所有 } i's, \delta \in \mathfrak{S} \text{ 且 } p_i(\delta;r_i) = p_i(\delta) \rightarrow (\delta;r_i) \in \mathfrak{S}$$

则称 $\mathfrak{S}$ 为一个强解。

均衡策略

假设 S_i 表示某个可解博弈的所有混合策略 s_i 的集合且存在某个 t 使得 $(t; s_i)$ 是一个均衡点。s_i 是某个均衡点的第 i 个分量。则我们称 S_i 为参与者 i 的均衡策略集。

次解

如果 $\mathfrak{S}$ 是某个博弈均衡点集的一个子集且满足条件式(7-1)，以及如果 $\mathfrak{S}$ 是相对于这一属性的最大值，则我们称 $\mathfrak{S}$ 为一个次解。

对任意次解 $\mathfrak{S}$，我们将第 i 个因子集 S_i 定义为：对所有 $s_i's$ 集合，存在某个 t，使 $\mathfrak{S}$ 包含$(t; s_i)$。

注意，如果某个次解是唯一的，则它就是一个解，且其因子集为均衡策略集。

定理 3 次解 $\mathfrak{S}$ 是使得 $s_i \in S_i$ 均成立的所有 n 元组 $(s_1, s_2, \cdots, s_n)$ 集，这里 S_i 是指 $\mathfrak{S}$ 的第 i 个因子集。用几何学术语来讲，$\mathfrak{S}$ 是其因子集的积。

证明：考虑这样一个 n 元组 $(s_1, s_2, \cdots, s_n)$。根据定义，$\exists t_1, t_2, \cdots, t_n$ 使得对所有 i 均有 $(t_i; s_i) \in \mathfrak{S}$。将条件式(7-5)迭代 $n-1$ 次，我们可成功得到 $(t_1; s_1) \in \mathfrak{S}$，$(t_1; s_1; s_2) \in \mathfrak{S}$，$\cdots$，$(t_1; s_1; s_2; s_3; \cdots; s_n) \in \mathfrak{S}$，最后一项就是 $(s_1, s_2, \cdots, s_n) \in \mathfrak{S}$，这正是我们要证明的。

定理 4 某个次解的因子集 $S_1, S_2, \cdots, S_n$ 是封闭的且是该混合策略空间的凸子集。

证明：这足以说明两个要点：①若 s_i 和 $s'_i \in S_i$，则 $s_i^* = (s_i + s'_i)/2 \in S_i$；②若 $s_i^{\#}$ 是 S_i 的一个有限点，则 $s_i^{\#} \in S_i$。

假设 $t \in \mathfrak{S}$，则对任意 r_j，运用判断均衡点的准则式(7-1)，我们有 $p_j(t; s_i) \geqslant p_j(t; s_i; r_j)$ 及 $p_j(t; s'_i) \geqslant p_j(t; s'_i; r_j)$。将这些不等式相加并利用 s_i 中 $p_j(s_1, \cdots, s_n)$ 的线性以及用 2 除，因为 $s_i^* = (s_i + s'_i)/2$，所以我们可得 $p_j(t; s_i^*) \geqslant p_j(t; s_i^*; r_j)$。由此我们知道，对任意 $t \in \mathfrak{S}$，$(t; s_i^*)$ 是一个均衡点。如果将所有此类均衡点 $(t; s_i^*)$ 的集合添加到 $\mathfrak{S}$，则该扩张后的集合显然满足条件式(7-5)，且因为 $\mathfrak{S}$ 取最大值，所以可得出 $s_i^* \in S_i$。

为证明要点②，注意：因为 $s_i^{\#}$ 是 S_i 的一个有限点，故当 $t \in \mathfrak{S}$ 时，n 元组 $(t; s_i^{\#})$ 将是形如 $(t; s_i)$ 的 n 元组集合的一个有限点，这里 $s_i \in S_i$。因为所有均衡点的集合是封闭的，故该集合是一个均衡点集，且其闭包中的任意点都是均衡点。因此，与对 s_i^* 的论证一样，$(t; s_i^{\#})$ 是一个均衡点，从而 $s_i^{\#} \in S_i$。

值

设 $\mathfrak{S}$ 是某个博弈的均衡点集合。我们定义

$$v_i^+ = \max_{\mathfrak{s} \in \mathfrak{S}}[p_i(\mathfrak{s})], \quad v_i^- = \min_{\mathfrak{s} \in \mathfrak{S}}[p_i(\mathfrak{s})]$$

若 $v_i^+ = v_i^-$，则我们记作 $v_i = v_i^+ = v_i^-$。v_i^+ 表示该博弈参与者 i 的值的上限，v_i^- 表示该值下限，v_i 为该值实际值（若存在的话）。

若只有一个均衡点，则值显然必定存在。

可通过将 $\mathfrak{S}$ 限制为该次解中的该均衡点，然后使用上述所定义的等式来定义某个次解的关联值。

在上述所定义的场景中，一个双人零和博弈总是可解的。均衡策略集 S_1 和 S_2 只是"最佳"策略集合。这样一种博弈通常不是强可解的，强解只有在纯策略中存在某个"马鞍点"时才存在。

简单例子

举这些例子是为了说明本章所定义的概念，并展示这些博弈中出现的特殊现象。

第一个参与者使用罗马字母表示的策略和左边的效用等。

例 1:   5 $a\alpha$ -3 弱解 $\left(\dfrac{9}{16}a + \dfrac{7}{16}b, \dfrac{7}{17}\alpha + \dfrac{10}{17}\beta\right)$

          -4 $a\beta$ 4 $v_1 = \dfrac{-5}{17}, v_2 = +\dfrac{1}{2}$

          -5 $b\alpha$ 5

          3    $b\beta$ -4

例 2:   1 $a\alpha$ 1   强解 (b, β)

          -10 $a\beta$ 10

          10    $b\alpha$ -10 $v_1 = v_2 = 1$

          -1 $b\beta$ -1

例 3:   1 $a\alpha$ 1   不可解；均衡点 (a, α)，(b, β) 和 $(a/2 +$

          -10 $a\beta$ -10 $b/2, \alpha/2 + \beta/2)$。最后一种情况的策略具

          -10 $b\alpha$ -10 有极大极小和极小极大属性

          1    $b\beta$ 1

例 4：　1　　$a\alpha$　　1　　强解：所有混合策略对。
　　　　0　　$a\beta$　　1　　$v_1^+ = v_2^+ = 1$，$v_1^- = v_2^- = 0$
　　　　1　　$b\alpha$　　0
　　　　0　　$b\beta$　　0

例 5：　1　　$a\alpha$　　2　　不可解；均衡点均衡点(a, α)，(b, β)和
　　　　−1　　$a\beta$　　−4　　$(a/4 + 3b/4,\ 3\alpha/8 + 5\beta/8)$。不过，实证
　　　　−4　　$b\alpha$　　−1　　检验表现出朝向(a, α)的趋势。
　　　　2　　$b\beta$　　1

例 6：　1　　$a\alpha$　　1　　均衡点：(a, α)和(b, β)，其中(b, β)为
　　　　0　　$a\beta$　　0　　不稳定性例子。
　　　　0　　$b\alpha$　　0
　　　　0　　$b\beta$　　0

解的几何形式

在双人零和博弈情况下，某个参与者的"最佳"策略集是其策略空间的某个凸多边形子集。针对某个参与者在任何可解博弈中的均衡策略集，我们也能得到相同的结论。

定理 5　某个可解博弈中的均衡策略集合 S_1，S_2，…，S_n 是各自混合策略空间的凸多面子集。

证明： 当且仅当所有 i 均满足

$$p_i(\mathcal{s}) = \max_\alpha p_{i\alpha}(\mathcal{s}) \tag{7-6}$$

n 元组 $\mathcal{s}$ 为均衡点。该等式即条件式$(7\text{-}3)$。对所有 i 和 α 均等价的一个条件是

$$p_i(\mathcal{s}) - p_{i\alpha}(\mathcal{s}) \geqslant 0 \tag{7-7}$$

现在我们来考虑参与者 j 的均衡策略 s_j 的 S_j 集合形式。设 t 是任意均衡点，根据定理 2，当且仅当 $s_j \in S_j$ 时，$(\mathrm{t};\ s_j)$ 为一个均衡点。现在对$(\mathrm{t};\ s_j)$应用条件式$(7\text{-}2)$，得到

$$s_j \in S_j \leftrightarrow \text{对所有 } i,\alpha \quad p_i(\mathbf{t};s_j) - p_{i\alpha}(\mathbf{t};s_j) \geqslant 0 \qquad (7\text{-}8)$$

因为 p_i 是 n-线性的且 $\mathbf{t}$ 为常量，故这些是形如 $F_{i\alpha}(s_j) \geqslant 0$ 的一组线性不等式；或者对所有 s_j，或者对位于穿越该策略单纯形的某个超平面上及一侧的 s_j，每个这样的不等式均成立。因此，在参与者 j 策略单纯形的某个凸多面子集上，该有限的完整条件集合均会得到满足（半空间相交）。

作为一个必然结论，我们可以断定：S_j 是某个有限混合策略集的凸闭包（顶点）。

支配与矛盾方法

若对所有 $\mathbf{t}$，均有 $p_i(\mathbf{t};\,s_i') > p_i(\mathbf{t};\,s_i)$ 成立，则我们说 s_i' 支配 s_i。

这就是说，不管其他参与者采取什么策略，相比 s_i，s_i' 都为参与者 i 提供了更高的效用。因为 p_i 具有 n-线性，故要明白策略 s_i' 是否支配 s_i，只需考虑其他参与者的纯策略就足够了。

很显然，根据定义，任何均衡点均不可能包含某个支配策略 s_i。

一种混合策略对另一种混合策略的支配总是会导致其他支配。假设 s_i' 支配 s_i 且 t_i 采用的所有纯策略在 s_i 中的系数均大于在 s_i' 中的系数。那么对某个足够小的 ρ

$$t_i' = t_i + \rho(s_i' - s_i)$$

是某项混合策略，且根据线性关系，t_i' 支配 t_i。

这可以证明非支配性策略集的若干属性。该非支配性策略集的连接很简单，且它是通过合并该策略单纯形某个表面集合形成的。

只需消除作为某个均衡点可能分量的混合策略类别，那么在了解一名参与者的支配性时，所获得的信息就可能与其他参与者相关。对所有其分量为

非支配性的 $t's$ 均需加以考虑，且消除一名参与者的某些策略可能消除另一名参与者的某个新策略类别。

在确定均衡点的过程中可能采用的另一个步骤是矛盾型分析。在这里，我们假设存在某个均衡点，且拥有位于某些策略空间区域内的分策略及收益来推断该假设成立所必须满足的进一步条件。为了最终得到表明"没有满足初始假设的均衡点"这一矛盾结论，这种推理可能分几个阶段进行。

三人扑克游戏

作为在接近实际的情况下应用我们理论的一个例子，我们给出了以下简化扑克游戏。游戏规则如下：

a. 该副牌很大，大小牌数量相同且一张牌就是一手牌。

b. 两个筹码被用来下注、开牌或叫牌。

c. 游戏参与者轮流出牌，而且游戏在所有人都不出牌或一名参与者已开牌，且其他参与者有机会叫牌之后结束。

d. 如果没人下注，则预先下的赌注被收回。

e. 否则，已下注且手握最大牌的参与者平分赌注总额。

我们发现，相比于《博弈论与经济行为》中的标准形式，用我们称为"行为参数"的分量来处理这类博弈能取得更令人满意的结果。在标准表示形式中，某个参与者的混合策略可能是等价的，从这种意义上讲，各混合策略会使该个体在以相同频度要求其采取行动的特殊情况下选择所有可用的行动方案。也就是说，他们在个人部分会表现出相同的行为模式。

行为参数给出了在可能出现的各种不同情况下可能采取各种不同行动的概率，因此它们描述了行为模式。

根据行为参数，各参与者的策略可表示如下，假设因为在其最后一次下注机会时不出牌变得毫无意义，手握一张大牌的参与者不会选择这样做。希腊字母表示各种行为出现的概率。

	第一次出牌	第二次出牌
I	α 以大牌开牌 β 以小牌开牌	κ 以小牌叫牌参与者 III λ 以小牌叫牌参与者 II μ 以小牌叫牌参与者 II 和 III
II	γ 以小牌叫牌参与者 I δ 以大牌开牌 ε 以小牌开牌	υ 以小牌叫牌参与者 III ξ 以小牌叫牌参与者 III 和 I
III	ζ 以小牌叫牌参与者 I 和 II η 以小牌开牌 θ 以小牌叫牌参与者 I ι 以小牌叫牌参与者 II	游戏参与者 III 不会得到第二次出牌的机会

首先，我们通过证明大部分希腊字母参数必定为零来确定所有可能的均衡点。主要以一种小矛盾型分析为主，随 β 被淘汰的主要是 γ，ζ，θ。随后，矛盾依次淘汰了 μ，ξ，ι，λ，κ，υ，剩下 α，δ，ε，η。矛盾分析表明，这些希腊字母参数均不可能为 0 或 1，因此我们获得一个联立代数方程组。在变量取值范围为(0，1)的情况下，该方程组恰好只有一个解。于是我们得到

$$\alpha = \frac{21 - \sqrt{321}}{10}, \ \eta = \frac{5\alpha + 1}{4}, \ \delta = \frac{5 - 2\alpha}{5 + \alpha}, \ \varepsilon = \frac{4\alpha - 1}{\alpha + 5}$$

即 $\alpha = 0.308$，$\eta = 0.635$，$\delta = 0.826$，$\varepsilon = 0.044$

因为只有一个均衡点，故该博弈有值，它们是

$$\nu_1 = -0.147 = \frac{-(1 + 17\alpha)}{8(5 + \alpha)}, \ \nu_2 = -0.096 = -\frac{1 - 2\alpha}{4},$$

$$\nu_3 = 0.243 = \frac{79}{40}\left(\frac{1 - \alpha}{5 + \alpha}\right)$$

对该扑克牌游戏的更完整研究以《对博弈论的贡献》为题发表在第 24 期《数学研究年刊》上。随着预下赌注与赌注的比例变化，该论文对解以及各种合作可能性进行了研究。

应用

对公认的多人博弈公平参与准则的研究表明，非合作参与无疑显然是应用本理论的方向之一。扑克牌是最显而易见的目标。相较于我们十分简单的模型，对更接近实际的扑克牌游戏进行分析应是一件非常有意思的事情。

然而，对一项完整的调查研究而言，随着博弈复杂程度的加深，所需数学工作的复杂性也迅速增加；因此，对比这里给出的例子复杂得多的博弈进行分析也许只有在使用近似计算方法时才有可能。

一个不太明显的应用类型是对合作博弈的研究。关于合作博弈，我们指的是一种照例涉及一系列参与者、纯策略和效用函数的情况，但假设参与者能够而且会像他们在冯·诺依曼和摩根斯坦恩理论中那样进行合作。这意味着参与者可能交流并可能在某个裁判的强制要求下形成合作关系。不过，对效用函数（应该用效用单位表示）的可转换性或甚至可比较性做出假设是对不同参与者的不必要限制。任何预期的可转换性均能纳入该博弈本身，而不是在博弈之外的合作中假设这种可能性。

通过还原至非合作形式，本章作者设计出了研究合作博弈的一种"动态"方法。我们可以继续构建一个博弈前谈判模型，来使谈判步骤成为某个大型非合作博弈（将拥有描述整体情境的无限纯策略）中的活动。

随后，根据本章理论对这种大型博弈进行处理并将其扩展至无限博弈，而且如果取得了值，则将它们作为该合作博弈的值。因此，对某个合作博弈问题的分析就变成了获得一个合适且令人信服的非合作谈判模型。

通过这样的处理，本章作者已经获得了所有有限双人合作博弈及某些特殊多人博弈的值。

致谢

塔克博士、盖尔博士和库恩博士对改进本章材料的论述给出了极有价值的批评和建议。戴维·盖尔建议对对称博弈进行研究。扑克牌模型的求解是劳埃德 S. 沙普利与本章作者共同进行的一项课题。最后，在进行这项研究的 1949～1950 年，美国原子能委员会向本章作者提供了持续资助。

参考文献

1. von Neumann, Morgenstern, *Theory of Games and Economic Behavior*, Princeton University Press, 1944.
2. J. F. Nash, Jr., *Equilibrium Points in* n-*Person Games*, Proc. Nat. Acad. Sci. U.S.A. 36 (1950) 48–49.
3. J. F. Nash, L. S. Shapley, A Simple Three-Person Poker Game, *Annals of Mathematics Study* No. 24, Princeton University Press, 1950.
4. John Nash, *Two Person Cooperative Games,* to appear in Econometrica.
5. H. W. Kuhn, *Extensive Games,* Proc. Nat. Acad. Sci. U.S.A. 36 (1950) 570–576.

第 8 章
The Essential John Nash

双人合作博弈[⊖]

约翰 F. 纳什

作者在本章中将他之前对"谈判问题"的处理，扩展至了一类可能使威胁在其中发挥作用的更广泛情况，引入了一种包含阐述"威胁"概念在内的新方法。

引言

这里所提出的理论适合于处理与利益，即非完全对立也非完全一致的两名个体有关的经济(或其他)问题。使用"合作"一词是因为假设了该两名个体能够就这类问题进行讨论并就一个合理的联合行动计划达成一致，这样一个协议应被认为是强制性的。

当从抽象的数学角度来研究这些问题时，按惯例将它们称为"博弈"。这里将原始问题归结为了一种数学描述。抽象的"博弈"公式中只保留了获得解所需的最低数量信息，个体必须选择的实际替代行动方案不被视为必不可少的信息。这些替代方案被处理为不具有特殊性质的抽象对象并被称为"策略"。

⊖ 本论文的撰写得到了兰德公司的支持。该论文的早期版本发表在 1950 年 8 月 9 日的《兰德报告》第 172 页。

在使用各种可能的对立策略对时，仅考虑两名个体对最终结果的态度（喜欢或厌恶），然而这种信息必须得到充分利用且必须被量化表示。

这里所考虑的博弈应用了冯·诺依曼和摩根斯坦恩的理论。他们假设每名个体（参与者）有可能针对对其具有线性效应的某种商品采用"单方效用"，这种假设限制了他们理论的适用性。本章没有对单方效用做出假设。如果该情况允许单方效用，那么这只会对该博弈可能的最终结果集产生影响；对单方效用的处理与在该博弈实际进行过程中可能发生的任何其他活动一样，无须做特别考虑。冯·诺依曼和摩根斯坦恩方法还通过给出一种更不确定的解而显得不同。他们的方法将最终解留给了某个单方效用来唯一决定，该单方效用通常是不确定的，但被限制在一定的范围内。

作者早期的一篇论文（见参考文献 3）对某类博弈进行了处理，这类博弈在某种程度上与合作博弈完全相反。如果某个博弈的参与者无法以任何方式进行沟通或合作，则它是非合作的。非合作理论可以不加改变地应用于任意数量的参与者，而本章分析的合作博弈情况仅对两名参与者有效。

我们给出了对我们双人合作博弈解的两个独立推导。在第一个推导中，合作博弈被还原成了一种非合作博弈。为了做到这一点，必须将参与者在合作博弈中的谈判步骤，变换为该非合作博弈模型的活动。当然，不是所有谈判策略都能表示为该非合作博弈中的活动，必须对该谈判过程进行形式化处理并加以限制，但即使这样，每名参与者仍能利用其地位所带来的所有基本优势。

第二种推导使用了公理方法。这种方法将对解来说似乎是自然的若干属性描述为公理，然后找到实际唯一决定解的公理。通过谈判模型或公理来解决该问题的这两种途径是互补的，能彼此证明和阐明对方。

该类博弈的形式化表示

参与者(一个或两个)均拥有混合策略 s_i 的某个紧致凸可度量空间 S_i(不熟悉数学技术细节的读者会发现,即使他们忽略这些细节也能很好应对)。这些混合策略表示了参与者 i 能独立于另一个参与者采取的行动方案。它们可能涉及有意识的随机决定,即通过利用涉及特定概率的某个随机过程在可供取舍的可能性之间做出选择,这种随机决定是混合策略概念的一个重要组成部分。通过以某个混合策略空间而不是对活动序列等的讨论开始,我们假设将每名参与者的策略可能性还原为标准形式(见参考文献 4)。

参与者可能的联合行动方案将形成一个类似的空间。不过,唯一重要的是参与者能在合作情况下实现的那些效用对 (u_1,u_2) 集,我们称该集合为 B,且 B 应是 (u_1,u_2) 平面上的一个紧致凸集合。

对来自 S_1 和 S_2 的每个策略对 (s_1,s_2) 而言,将会存在这些策略在其中得到采用或实施的某种情形使每名参与者的效应存在。用 $p_1(s_1,s_2)$ 和 $p_2(s_1,s_2)$ 来表示这些效用(博弈论习惯称"效用")。尽管不能预期该函数在 s_1 和 s_2 同时变化时仍线性依赖于它们,但每个 p_i 都是 s_1 和 s_2 的一个线性函数;换句话说,p_i 是 s_1 和 s_2 的一个双线性函数。从根本上来讲,这种线性是我们对参与者效用类型进行假设的结果,冯·诺依曼和摩根斯坦恩在《博弈论与经济行为》(见参考文献 4)一书的前面一章对此进行了全面讨论。

无疑,在 (u_1,u_2) 平面上形如 $[p_1(s_1,s_2),p_2(s_1,s_2)]$ 的每个点都是 B 中的一个点,因为每个独立策略对 (s_1,s_2) 都相当于一项联合策略(可能很低效),这样就完成了对该博弈的形式化或数学描述。

谈判模型

为了解释并证明用来获得解的谈判模型，我们必须对与这两名个体所面临的情况或者实施该博弈的条件有关的一般性假设做进一步的说明。

假设每名参与者完全了解该博弈的结构及其合作参与者的效用函数（当然，他也知道自己的效用函数）。一定不要认为这一陈述不同于从效用函数直到形如 $u'=au+b$，$a>0$ 变换的不确定性。应注意这些信息假设，因为它们在实际情况中通常不会得到完美应验。对我们需要进一步做出的"参与者是聪明、理性的个体"假设，情况同样如此。

谈判中的一个常用策略就是威胁。实际上，"威胁"是这里所发展理论的一个基本概念。结果，该博弈的解不仅给出了各参与者在该情况下的效用，而且还告诉他们在谈判中应利用哪些威胁。

如果考虑进行威胁的过程，则其原理如下：A 通过使 B 相信，若 B 不按 A 的要求行动，则 A 会采取某种策略 T 来威胁 B。假设 A 和 B 均为理性个体对于"若 B 没有遵照 A 的要求，则 A 会被迫实施 T"这一威胁的成功而言至关重要，否则，这一威胁将毫无意义。因为一般来讲，执行该威胁不会是 A 想要做的事情，而只是威胁本身的一部分。

该讨论的要点是，我们必须假设存在某种适当的机制来迫使参与者一旦做出威胁和要求就会坚持，而且一旦同意，就会强制执行交易。因此，我们需要强制实施合约或承诺的某类仲裁。

为了完整地描述该博弈，我们必须假设参与者之间没有可能影响该博弈结果的事先约定，我们必须要能将他们作为完全自由的代理人来考虑。

形式化谈判模型

步骤 1：参与者 i 选择某个混合策略 t_i，他将在两人无法达成一致（即两者的需求互斥）的情况下，被迫使用该策略。该策略 t_i 就是参与者 i 的威胁。

步骤 2：参与者相互知会各自的威胁。

步骤 3：参与者在这一步独立行动且不进行沟通。"独立行动"假设在这里至关重要，而事实证明，步骤 1 不需要这种类型的特定假设。在步骤 3，各参与者基于其需求 d_i（该参与者效用规模上的一点）进行决策。也就是说，除非合作模式至少具有参与者 i 的效用 d_i，否则参与者 i 不会合作。

步骤 4：现在确定效应。若 B 中某点 $(u_1，u_2)$ 满足 $u_1 \geqslant d_1$ 及 $u_2 \geqslant d_2$，则参与者 i 的效用为 d_i。也就是说，如果需求能同时得到满足，则各参与者都会获得其想要的结果。否则，参与者 i 的效用为 $p_i(t_1，t_2)$，即该威胁必须执行。

在需求一致的情况下选择效用函数可能看似不合理，但这样做有其好处。这样做不会使最终解产生偏差，并且能强有力地刺激参与者在不失一致性的情况下尽可能地增加他们的需求。不过，这样做也可能会令人尴尬地选择不在集合 B 中的点。实际上，我们将 B 扩展为了一个包含受 B 中某个效用对支配（较弱；$u_1' \leqslant u_1$，$u_2' \leqslant u_2$）的所有效用对的集合。

实际上，我们拥有了一个两步骤博弈。步骤 2 和步骤 4 不会涉及其他参与者的任何决策。步骤 2 选择是在完全了解步骤 1 内容的基础上做出的，因此可以单独考虑仅由步骤 2 构成的博弈（该博弈含有一个由步骤 1 所做选择决定的可变效用函数）。威胁选择对该博弈的影响将决定参与者在不合作情况下的效用。

设 N 为 B 中的点 $[p_1(t_1, t_2), p_2(t_1, t_2)]$，该点 N 代表了威胁使用效果。设 u_{1N} 和 u_{2N} 为 N 坐标的缩写。若我们引入函数 $g(d_1, d_2)$，在需求一致时，该函数值为＋1；需求不一致时，该函数值为 0，则我们能将效用表示如下

$$对参与者 1，d_1 g＋u_{1N}(1－g)$$

$$对参与者 2，d_2 g＋u_{2N}(1－g)$$

由这些效用函数定义的需求博弈，通常会拥有无限数量的不等价均衡点（见参考文献 3）。绘制为 B 右上边界上某点以及既不低于 N 左边也不在 N 左边的每一对需求，将形成一个均衡点，因此均衡点不会使我们立即获得该博弈的某个解。但是，如果我们通过研究均衡点的相对稳定性来区分它们，则我们能摆脱这种非唯一性的困扰。

为此，我们对该博弈进行"平滑处理"以获得一个连续效用函数，然后研究在平滑量接近 0 时，该平滑后博弈的均衡点的限制行为。

这里将考虑某种一般类型的自然平滑方法，这种类型的方法比最初认为的要广，因为许多表面上看起来不同的其他方法实际上是等价的。

为了对该博弈进行平滑处理，我们通过一个连续函数 h 来近似估计非连续函数 g，除了 B 边界附近的点，函数 h 的值都接近函数 g 的值，函数 g 在 B 上是不连续的。应认为函数 $h(d_1, d_2)$ 代表了需求 d_1 和 d_2 的一致性概率。可以认为，这代表了该博弈、效用规模等的信息结构的不确定性。为方便起见，我们假设在 B 上有 $h＝1$ 且当 (d_1, d_2) 离开 B 时，h 的值非常迅速地趋近于 0 而不用实际为 0。通过假设适当转换效用函数使 $u_{1N}＝u_{2N}＝0$，可进行另一项简化。随后，我们可将该博弈的平滑后效用函数记为 $P_1＝d_1 h$ 且 $P_2＝d_2 h$。在初始博弈中，g 取代了 h。

在需求博弈中，若 $P_1＝d_1 h$ 在 d_2 为常量时取最大值，且 $P_2＝d_2 h$ 在 d_1 为常量时取最大值，则被视为纯策略对的需求对 (d_1, d_2) 将是一个均衡点。

现在假设(d_1,d_2)是使$d_1 d_2 h$在d_1和d_2为正的整个区域上取最大值的一个点，那么$d_1 h$和$d_2 h$将在d_2和d_1分别为常量时取最大值，且(d_1,d_2)必定为一个均衡点。

若函数h随着与B距离的增加以一种起伏不定或不规则的方式下降，则可能存在更多的均衡点，甚至可能存在更多的点使$d_1 d_2 h$取最大值。但是，如果h规则地变化，则将只有一个均衡点使$d_1 d_2 h$有唯一的最大值。不过，我们并不需要期待一个规则的h来证明该解。

设P为使$d_1 d_2 h$或上述$u_1 u_2 h$取最大值的任意点，ρ是$u_1 u_2$在B位于$u_1 \geqslant 0$且$u_2 \geqslant 0$这部分区域内的最大值。因为$0 \leqslant h \leqslant 1$且在$B$上有$h=1$，故$u_1 u_2$在$P$点的值必定至少为$\rho$。图 8-1 对这种情形进行了说明。在图 8-1 中，Q是使$u_1 u_2$在B（以N为原点的第一象限）上取最大值的点，且$\alpha\beta$为与B相切于Q的双曲线$u_1 u_2 = \rho$。

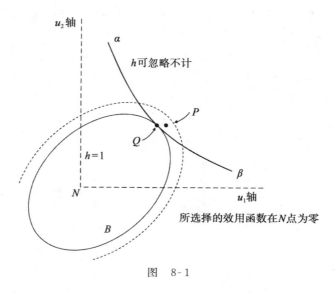

图 8-1

重要的观察结果是：P必定位于$\alpha\beta$上方但离B足够近，以使h近似等于1。当所用平滑越来越少时，h将在离开B的过程中越来越迅速地下降，因此

$u_1 u_2 h$ 的任意最大值点 P 必定越来越靠近 B。在该限制下，此类所有点必定接近于与 B 的唯一接触点 Q 以及 $\alpha\beta$ 上方的区域，因此 Q 是对均衡点的一个必要限制且唯一。

我们将 Q 点作为该需求博弈的解，它被描述为"对平滑博弈均衡点的唯一必要限制"。u_1 和 u_2 在 Q 点的值将被作为该需求博弈的值及最优需求。

以上讨论隐含地假设了 B 包含满足 $u_1 > 0$ 和 $u_2 > 0$ 的点（在使 u_1 和 u_2 于 N 点取 0 的归一化后）。对其他情况的处理更为简单，无须资源进行平滑处理。在这些"退化情况"中，B 上只存在唯一的点支配点 N，且该点本身不受 B 上某个其他点的支配。若 $u_1' \geqslant u_1$ 且 $u_2' \geqslant u_2$，则称点 (u_1, u_2) 受另一个点 (u_1', u_2') 支配（见图 8-1）。这为我们提供了这些情况下的自然解。

应注意的是，该需求博弈的解点 Q 随威胁点 N 的某个连续函数变化，同时，Q 依赖于 N 的方式存在有用的几何学特征。解点 Q 是某个双曲线与 B 的交点且该双曲线的渐近线是穿过 N 的纵轴和横轴。设 T 为该双曲线上 Q 点的正切值（见图 8-2）。

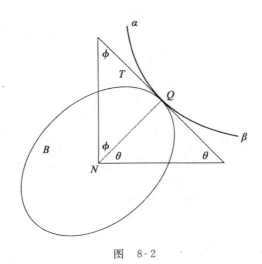

图 8-2

如果对效用函数应用线性变换，则可使 N 为原点，Q 为点 $(1, 1)$。现在

T 的斜率为 -1，直线 NQ 的斜率为 $+1$，关键是 T 的斜率 $= -NQ$ 的斜率这一属性不会因效用函数的线性变换而破坏。T 将是集合 B 的一条支撑线（即使 B 中所有点要么在 T 的左下侧，要么在 T 上的一条线；请参见参考文献 2 了解相关证明过程，参考文献 2 中讨论的情形与此相同）。

我们现在可将该准则描述为：若直线 NQ 斜率为正且 Q 是 B 的支撑线 T（斜率与 NQ 斜率相同但为负）上的一点，则 Q 是威胁点 N 的解点。若 NQ 是水平的或垂直的且其本身是 B 的一条支撑线，以及若 Q 位于 B 和 NQ 公共点的最右端或最上端，则 Q 同样为 N 的解点（见图 8-3），并且若 Q 是 N 的解点，则这些情形之一必定成立；该准则是充分必要的。

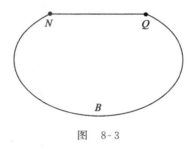

图 8-3

若 B 的任意一条支撑线与 B 的右上边界相交于点 Q，则该支撑线确定了一条斜率相同但为负且经过 Q 点的辅助线，该辅助线与 B 相交的线段上的所有点都将是以 Q 作为相应解点的威胁点。对所有这些线段进行分类，就是通过只在 B 右上方边界相交的线段（如果有的话）对 B 进行一种判定。给定威胁点 N，其解点为经过 N 的线段的右上方端点（除非点 N 与多个判定相关，并因此位于该右上方边界上且是其自身的解点）。

现在我们可以分析该威胁博弈，该博弈在第一个步骤中形成且其效用函数是由该需求博弈的解决定的，该效用是由点 N 的位置特别是 N 落入的判定决定的。判定的位置越高（或离左边越远），对参与者 2（假设我们明确考虑在该效用平面的纵轴上度量 u_2）越有利，而对参与者 1 越不利。

现在，如果某个参与者的威胁被固定，比如说参与者 1 的威胁被固定在 t_1，则 N 的位置是参与者 2 的威胁 t_2 的某个函数。N 的坐标 $p_1(t_1，t_2)$ 和 $p_2(t_1，t_2)$ 是 t_2 的线性函数，因此，这种情形所定义的 t_2 到 N 的变换是参与者 2 的威胁空间 S_2 到 B 的一个线性变换。S_2 落入最有利于参与者 2 的判定上的那部分图形，将是对参与者 1 特殊固定威胁 t_1 的最佳回应。因为 S_2 到 B 变换的线性和连续性，该最佳回应集必定是 S_2 的一个凸紧致子集。

N 作为 t_1、t_2 的函数的连续性与 Q 作为 N 的函数的连续性，确保了通过解该需求博弈为该威胁博弈定义的效用函数是威胁的一个连续函数，这足以使各参与者的最佳回应集成为被回应威胁的上半连续函数。现在考虑任意威胁对 $(t_1，t_2)$。对该威胁对中的每个威胁而言，另一名参与者都有一个最佳回应集。设 $R(t_1，t_2)$ 是所有威胁对（每个威胁对包含了来自这两个回应集中的各一个威胁）的最佳回应集，R 将是对立威胁对空间的 $(t_1，t_2)$ 的一个上半连续函数，且 $R(t_1，t_2)$ 将总是空间 $S_1 \times S_2$ 的一个凸子集。

我们现在准备利用由卡林（Karlin）推广的角谷静夫不动点定理（见参考文献 1）。由该定理可知，存在被包含于其集合 $R(t_{10}，t_{20})$ 中的某个威胁对 $(t_{10}，t_{20})$，也就是说，每个威胁都是对另外一个威胁的最佳回应。因此，我们获得了该威胁博弈的一个均衡点。值得注意的是，该均衡点是由该威胁博弈中的纯策略形成的（这里所讲的混合策略涉及几种威胁的随机性）。

威胁对 $(t_{10}，t_{20})$ 还具有极小极大和极大极小属性。既然该博弈中的最终效用是由 Q 在 B 右上方边界（一条负方向倾斜曲线）上的位置决定的，那么每名参与者的效用就是另一名参与者效用的单调递减函数。因此，如果参与者 1 坚持 t_{10} 不变，那么在没有改善其自身地位的情况下，参与者 2 不可能利用 t_{20} 之外的威胁来使对方处于更不利的位置，而且因为 $(t_{10}，t_{20})$ 是一个均衡点（见参考文献 3），他也无法做到这一点。因此，t_{10} 确保了参与者 1 获得均衡效应，而对参与者 2 来说，t_{20} 同样如此。

至此可知，该威胁博弈非常像零和博弈，可以迅速明白的是，如果一名参与者首先选择威胁，并通知另一方而不是两者同时选择，那么这样做和同时选择没有区别，因为纯策略中存在一个"马鞍点"。这一点与该需求博弈非常不同。首先制定需求的权力将十分有用，因此同时性在这里至关重要。

概括地说，我们现在求解了该谈判模型，获得了两名参与者在该博弈中的值，并且证明了最优威胁和最优需求（最优需求就是那些值）的存在性。

公理方法

通过描述"任意合理解"应具有的一般属性并以公理方式来解决双人合作博弈问题，不同于通过分析谈判过程来解该问题。详细说明足够多的此类属性可以排除到只剩一个解。

以下公理使该谈判模型为我们提供了相同的解，然而这些公理中并没有出现需求或威胁的概念。它们关注的只是该博弈的解（这里理解为该博弈的值）与基础解空间之间的关系，以及从数学上对该博弈进行描述的函数。

非常重要的是，这种完全不同的方法得到的解是一样的。这表明，相比于那些满足我们通过模型对方法做出假设的情形，该解适合的情形更广。

除了少量新增符号外，以下所用符号与前面相同。三元组 (S_1, S_2, B) 代表某个博弈，$v_1(S_1, S_2, B)$ 和 $v_2(S_1, S_2, B)$ 是两名参与者的值。当然，三元表示 (S_1, S_2, B) 给出了隐式的效用函数（必须给出以确定一个博弈）$p_1(s_1, s_2)$ 和 $p_2(s_1, s_2)$。

公理 I 每个博弈(S_1, S_2, B)均存在一个唯一解(v_1, v_2)是B中的一个点。

公理 II 若(u_1, u_2)是B中一点，且$u_1 \geqslant v_1$及$u_2 \geqslant v_2$，则$(u_1, u_2) = (v_1, v_2)$，即除其自身外，该解不受B中任意点的弱支配。

公理 III 效用的保序线性变换$(u'_1 = a_1 u_1 + b_1, u'_2 = a_2 u_2 + b_2$，其中$a_1$和$a_2$均为正$)$不会改变解。可以理解的是，数字值可能会因效用变换这种直接行为而改变，但(v_1, v_2)在B中的相对位置应保持不变。

公理 IV 解不依赖于哪个参与者，被称为参与者 1。换句话说，解是该博弈的一个对称函数。

公理 V 若通过限制可获效用对的B集合改变了某个博弈且该新集合B'仍包含原始博弈的解点，则该点也将是新博弈的解点。当然，新集合B'必定仍包含形如$[p_1(s_1, s_2), p_2(s_1, s_2)]$的所有点（这里$s_1$和$s_2$包括$S_1$和$S_2$），以使得$(S_1, S_2, B')$成为一个合法博弈。

公理 VI 对某个参与者的可用策略集做出限制，不会增加他在该博弈中的值。象征性地，若S_1包含S'_1，则$v_1(S'_1, S_2, B) \leqslant v_1(S_1, S_2, B)$。

公理 VII 存在某种方法将两名参与者限制在单一策略上而不增加该博弈参与者 1 的值。用符号来表示就是，存在s_1和s_2使$v_1(s_1, s_2, B) \leqslant v_1(S_1, S_2, B)$。类似地，存在某种方法来对参与者 2 做同样的操作。

公理 I 只是对预期解类型的描述，无须对它进行解释；公理 II 表达了"参与者应当在以最优效率合作的过程中取得成功"这样一种观点；公理 III 表达了效用不可比性原则。每名参与者的效用函数都被认为仅由保序线性变换唯一决定，这种不确定性是效用定义的一个自然结果（见参考文献 4 中第 1 章第 3 节）。拒绝公理 III 就是假设在使效用函数更具确定性的过程中，考虑了除各参与者对替代方案相对偏好以外的某个额外因素，并假设该因素对于确定该博弈的结果非常重要。

对称性公理(公理Ⅳ)表明,在决定该博弈值的过程中,参与者之间唯一的重要区别是那些包含在该博弈数学描述中的内容,其中涉及他们不同的策略集和效用函数,可以认为公理Ⅳ要求参与者是聪明且理性的个体。但我们认为,用这一点来表达参与者的"平等谈判能力"是错误的,尽管在"谈判问题"(见参考文献 2)中对该结果进行了描述。足够聪明和理性的人不应存在"谈判能力"方面的任何问题,这个词提出了与欺骗另一个参与者的技能相似的东西。通常的讨价还价过程是基于不完全信息的,讨价还价者均试图诱使对方对所涉及的效用产生误解。我们的完整信息假设使这样一种企图变得毫无意义。

相较于任何其他公理而言,给出公理 V 的一个良好可行论据可能更为困难。"谈判问题"(见参考文献 2)对此进行了某种讨论。该公理等价于和解点对 B 集合形状依赖性有关的一个"本地化"公理。B 右上边界上解点的位置,仅取决于延伸至该边界两端的任一小段边界的形状,它不依赖于该边界曲线的其余部分。

因此,B 的形状对该解点的影响不存在"超距作用"。从谈判的角度来考虑的话,这就好像一笔拟议的交易要与对其本身的小修改相争,而且对该谈判的最终理解将被限制在一个狭窄的替代交易范围内,并与相距更远的替代方案无关。

最后两个公理是仅有的主要关注策略空间 S_1 和 S_2,并且真正是很新的两个公理。其他公理都只是对"谈判问题"中所用公理做了相应的简单修改。公理Ⅵ表明,限制某个参与者可用的威胁类别不会改善其在该博弈中的地位,这一点无疑是合理的。

对公理Ⅶ的需要并不是很明显,其作用是消除某个参与者威胁空间的值对这些威胁的集体或相互增强属性的可能依赖。使用公理Ⅶ来证明这些公理充分性的方式，可能透露出其真实内容要优于我们可能在此给出的任何启发式讨论。

我们可以通过简化一些所需论据来证明这些公理实现了它们的意图，并且描述我们借助"谈判问题"中的结论在该模型上获得的相同解。我们首先考虑每名参与者均只有一种可能威胁的博弈，这样一种博弈本质上是一类"谈判问题"，并且对这种类型的博弈来说，我们的公理Ⅰ、Ⅱ、Ⅲ、Ⅳ和Ⅴ与"谈判问题"中的公理没有区别。

这确定了每名参与者仅有一种可用策略时的解。该解一定与在"谈判问题"中获得的解相同，也就是与我们在之前的方法中获得的需求博弈（该博弈在每名参与者选择好某个威胁后开始）解相同。该解具有以下特征：该博弈的值与参与者在不合作情况下的效用之差的乘积 $[v_1 - p_1(t_1, t_2)][v_2 - p_2(t_1, t_2)]$ 取最大值。

不过，我们有义务在这里讨论比"谈判问题"中所讨论情形更一般的情形，因为该文假设参与者会在互惠的基础上通过某种方式进行合作。这里要讨论的情形是，只有一个参与者能够或者两个参与者都不能够通过合作实际获益。要证明这些公理能处理这种情形，似乎要求使用公理Ⅵ和Ⅶ的更复杂论据。但这是一个次要点，我们不应包含这种与其意义远不匹配的论据。

公理Ⅵ和Ⅶ的主要作用是使我们能将每名参与者均拥有一个非琐碎策略（威胁）空间的博弈问题，简化为我们只要处理每名参与者仅拥有一种可能威胁的情况。假设参与者 1 被限制在某个策略 t_{10}，该策略在前面用非公理方法讨论的威胁博弈中是一种最优威胁。由公理Ⅵ，有

$$v_1(t_{10}, S_2, B) \leqslant v_1(S_1, S_2, B)$$

现在我们在不增加参与者 1 的值的情况下应用公理Ⅶ，将 S_2 限制在某个单一策略（S_1 已被限制）。用 t_2^* 表示 S_2 被限制在的单一策略，于是

$$v_1(t_{10}, t_2^*, B) \leqslant v_1(t_{10}, S_2, B)$$

现在我们知道每名参与者仅拥有一种威胁的博弈的值，与在本章第一部分得到的值相同。因此我们知道，参与者 2 没有针对威胁 t_{10} 的更好威胁，并且对参与者 1 来说，没有比 t_{20}（即参与者 2 的最优威胁）更不利的威胁，所以有

$$v_1(t_{10}, t_{20}, B) \leqslant v_1(t_{10}, t_2^*, B)$$

结合这三个不等式，有

$$v_1(t_{10}, t_{20}, B) \leqslant v_1(S_1, S_2, B)$$

类似地，有

$$v_2(t_{10}, t_{20}, B) \leqslant v_2(S_1, S_2, B)$$

现在我们根据公理 II 观察到，因为 $v_1(t_{10}, t_{20}, B)$ 和 $v_2(t_{10}, t_{20}, B)$ 均为 B 右上边界上某点的坐标，所以最后两个不等式可用等式来取代。因此，公理方法给出了和另一种方法相同的值。

参考文献

1. Kuhn, H. W., and A. W. Tucker, eds., *Contributions to the Theory of Games (Annals of Mathematics Study No. 24)*, Princeton: Princeton University Press, 1950, pp. 201.
2. Nash, John, "The Bargaining Problem," *Econometrica*, Vol. 18, April, 1950, pp. 155–62.
3. Nash, John, "Non-Cooperative Games," *Annals of Mathematics*, Vol. 54, September 1951, pp. 286–95.
4. von Neumann, J., and O. Morgenstern, *Theory of Games and Economic Behavior*, 2nd edition, Princeton: Princeton University Press, 1947, pp. 641.

编者对第 9 章的介绍

现代计算始于阿兰·图灵(Alan Tuning)、冯·诺依曼及其他人关于准备一组单处理器指令的提议,单处理器将逐条执行指令。这样一组指令被称为"计算机程序",并且单处理器是"串行"执行这些指令。如果有多个处理器可用,则可同时或"并行"执行多项操作。因此,如果我们希望连续计算 100 项的和,其中每一项都是两个数的乘积,如 $a(1)b(1)+a(2)b(2)+\cdots+a(100)b(100)$,则我们需要接连做 100 次乘法和 99 次加法。如果我们有 100 个处理器可用,那么可一次完成 100 次乘法,并可通过对加法项分组以 7 个连续步骤来完成加法运算(留给读者作为练习)。因此,199 个连续步骤可用 8 个步骤就完成,这极大地节省了计算时间。第 9 章就是纳什对这样一种并行计算机架构的建议。

很难再现并行计算的早期历史。关于这段早期历史,一个被频繁引述的时间表(http://ei.cs.vt.edu/~history/Parallel.html),是以建造吉恩·阿姆达尔(Gene Amdahl)于 1955 设计的 IBM 704 开始,阿姆达尔后来反对"并行计算"这一概念。这段历史在 1956 年继续发展,如 IBM 7030 项目(俗称"STRETCH")、劳伦斯·利弗莫尔(Lawrence Livermore)国家实验室的 LARC 项目,以及英国的 Atlas

项目。

接下来的兰德公司备忘录可回溯至 1954 年 8 月 27 日，它比这些在一台真实机器上完成实际并行计算的尝试早了很多。我们不知道兰德公司的计算小组是否认真考虑过纳什的建议，然而不管怎样，这是对一种非凡想象力的证明。

第 9 章
The Essential John Nash

并 行 控 制

约翰 F. 纳什

这份备忘录与新的高速数字计算机控制系统设计思想有关。尽管这些思想还不成熟且相当不确定,但这是一个值得今后关注和思考的课题。

实际上,这种思想多少有些未来主义色彩,更适合于未来的"电子大脑",而不是现在所用或在建甚至计划中的计算机。基本思想非常简单。和现在用某个单一控制单元来串联起机器操作(除输入/输出功能等某些辅助操作外)不同,该思想是将控制分散到几个不同的控制单元,这些控制单元能够同时控制各种不同的操作并在适当时使它们相互关联。

让我们来考虑一下开发这种计算(及数据处理)机器的一些优势。

1. 计算速度。这将主要应用于允许并行计算的问题。不能期待执行一次乘法或一次存储器访问的速度能被无限提高。因此,更快的计算速度将更多地来自能同时进行多项操作。有人提出,与用数台较慢的小型机来处理某个问题相比,使用一台大型机来更快地处理该问题并不具有经济上的优势。但是,用一台机器花一天时间来解决一个问题难道不比 100 台机器花 100 天时间解决一个问题更好吗?

当然，这不是速度问题最重要的地方。稍后将提及对一台带有内部编程库的异常复杂的机器而言更重要的"理解力"特性。

2. 扩展性。可以设计一台基于并行控制的机器，以便能通过增加更多的算术运算、存储、控制等单元来轻松地对它进行或多或少的无限扩展。这可能是一个十分值得拥有的特征，尤其是在非常重要的子例程库等被建立起来时。

3. 自维护。一台并行控制机器能定位其内部需要维修的点。它不会因为任何单一材料的实效而完全丧失能力。

4. 易编程、"理解力"特性、有效处理复杂问题的能力。我们可以根据一台机器解决某个典型问题所需时间，以及编程者指示这台机器这样做所需时间来定义其理解力。假设人能在 3 小时内解决某个问题，这台机器需要 1 分钟，但编程却需 5 小时。那么，这台机器在解决孤立问题方面没有优势，将只适合用于需要处理许多类似问题时。简化编程需求以使机器能接受更少的明确指令对于开发先进技术而言极为重要。这并不要求设计更容易接受指令的特殊机器，而是要求开发具有理解力的程序，通过这些程序，机器本身就能将抽象指令转化为更明确的指令。这一过程具有无限扩展性。它的代价在于机器时间，要么在计算前花时间编一个明确程序，要么在计算过程中花时间将抽象指令转化为明确指令。并行控制在这里提供了一个独特的优势，因为它允许这种转化与计算同时进行，实际上，转化的几个不同阶段也可能同时进行。

在讨论并行控制的优势之前，我们应更具体地给出并行控制计算机设计的概念。考虑一台拥有以下部分的机器：

a. 逻辑单元(控制单元)；

b. 算术运算单元；

c. 高速存储单元；

d. 低速存储单元；

e. 输入单元；

f. 输出单元；

g. 通信网络。

更常规的控制部分与其余部分区分开了。例如，只要无须决策，每个算术运算单元都能执行存储在高速存储单元中的指令序列。执行该指令序列的过程是否需要决策，取决于这些指令的执行结果，如果在某个点上存在两个或两个以上的后续部分时，则依该结果选择后续部分。除法不应是一个需要决策的过程，算术运算单元应根据一条单一指令来划分。

当必须做出一项决策时，需要参考某个逻辑单元来获取相关信息。逻辑单元还应对所有不正确的信息加工进行处理，如某次算术运算操作、输入/输出操作。在这种情况下，分类将对程序翻译等造成影响。这种机器的设计应使某个逻辑单元在执行任何纯粹的逻辑任务（如操控指令、修改程序、搜索存储器）时不必去参考某个算术运算单元。

这样一台机器的框图如图 9-1 所示。对不同的应用来说，不同类型单元之间的数量平衡也会不同。一般来讲，设置相当多的高速存储器单元对于将排队等待访问的时间降至最低是可取的。

很可能因为某些原因需要在对"逻辑单元"或其他类型单元分类的过程中进行专门处理。例如，对一台译码机而言，算术运算单元没有意义，而专门的输入读取器将十分有用。

现在，让我们考虑一下各种不同类型单元应执行的功能。

1. 算术运算单元。应具有按照命令执行以下操作的能力：

(a)执行某次算术运算。

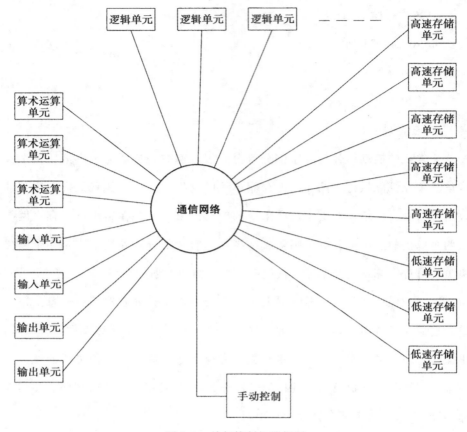

图 9-1　并行控制机器框图

（b）向某个特定存储单元请求某个特定数并使之参与运算。

（c）将某次算术运算的结果发送至某个特定存储单元并存储在某个特定位置；查看某个特定的存储器位点以获取新命令，然后继续按标准序列执行存储在后续存储器位点的命令。

（d）响应（或不响应）从某个逻辑单元传输过来的超控指令。

（e）停止执行。

（f）向特定逻辑单元"报告"。

2. 高速存储单元。高速存储单元都是被动响应其他单元对特定存储数的直接请求，或者将某个传输数存储在某个特定位点的直接指令，因此它们的功能都被描述为其他单元的功能。

3. 低速存储单元。执行命令的方式与算术运算单元相同，但功能上有所区别。这些低速存储单元将从某个高速存储单元读取某个特定数，或者以规范秩序读取某个特定的数序列；或者反之，将数发送至某个高速存储单元。

4. 输入/输出单元。以与算术运算单元相同的方式执行命令，并在高速存储单元和与该机器外部的通信方式之间起作用。

5. 通信网络。该装置类似于一个自动电话系统，它必须在指令或指示发送单元的指挥下，将指令和数据从一个单元传送至另一个单元。此外，它必须有一个规则来处理同时发往同一个单元的两条或两条以上的消息，使得一次只能发送一条。如果某个单元在接收消息时发生延迟，则它会一直等待直到收到该消息，除非在这种情况下它接到执行某个替代操作的命令。这就是一次"决策"，因此这只适用于逻辑单元。所有其他类型单元都将等待。

6. 逻辑单元。在这一系统中，所有未授权给其他类型单元的权力都保留给了逻辑单元。与目前机器的控制单元相比，它们可能被更多地赋予执行各种特定逻辑操作的权力。为了在有效构建更复杂或更特殊的逻辑功能（或决策）的过程中不请求某个算术运算单元的帮助，一个逻辑单元应能进行足够多的基本操作。尽管本章作者目前还无法给出任何近似最优或高效的基本操作集，但是可以给出一个集合来说明逻辑单元如何才能正常工作。

假设某个逻辑单元一次能容纳存储在 a，b，c，α，β，γ，δ 位置的 7 个 "数"（该术语包括了一组二进制位形式的数据，而不管它是否被解释为一个数）。数 α，β，δ 将被视为数据；a，b，c 为命令；如我们将看到的那样，γ 一部分像数据，一部分像命令，它可被认为是有时由 c 赋予意义的一个辅助命令。命令 c 是决定该单元当前操作的操作命令。

在下面的简图中，虚线表示影响或控制(见图 9-2)。c 和 δ 控制 c 之后将执行 a 或 b 哪条命令的决策(如果有的话)，这就是基本的决策操作。c 和 γ 控制着数 δ(α 和 β 的某个逻辑函数)的产生。可以认为 c 控制了由 α 和 β 计算的某种类型的逻辑函数，γ 决定了哪种类型的特定函数。

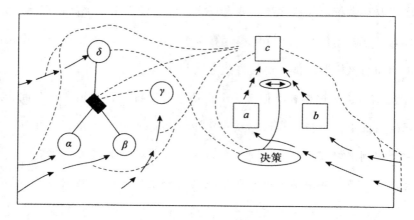

图 9-2　逻辑单元函数示意图

我们必须在这里假设(实际上这是为了简单起见而做的一个假设)数比地址要长，以使一个数能包含指令和某个存储位点。考虑以下命令集(c 是命令):

(A) 用存储位点＿＿＿＿＿的数替换 c(如果某条命令没有指定替换 c 的规则，则用标准序列中的下一条命令替换 c)。

(B) 若 δ 具有属性＿＿＿＿＿，则以 a 替换 c，否则以 b 替换 c。首个二进制位为 1 的属性已足够，不过将一些其他决策同样内置进来可能会更有效。

(C) 计算类型为＿＿＿＿＿(由 γ 描述)的数 α 和 β 的逻辑函数，并将结果存储为 δ。

(D) 将 δ 发送至存储位点＿＿＿＿＿。

（E）将 δ 作为一条超控指令发送至算术运算单元＿＿＿＿＿＿＿。

（F）将 δ 发送至逻辑单元＿＿＿＿＿＿＿等（即发送至其他单元类型）。

（G）将 δ 作为数据发送至逻辑单元＿＿＿＿＿＿＿（与命令区分开来）。

（H）对从另一个逻辑单元接收到的命令做出响应。

（I）接收发送自另一个逻辑单元的命令并将其存储为 a。

（J）拒绝所收到的命令。

        H，I，J 命令在被取消前一直有效。如果某个数 δ 被发送至另一个单元且被该单元拒绝，则发送单元必须执行命令 b，否则按惯例执行序列中的下一条命令。

（K）接受发送自另一个逻辑单元的某个数据并将其存储为 β。

（L）不接受。

（M）将存储位点＿＿＿＿＿＿＿中的数放入位置 α。

（M$'$）将存储位点＿＿＿＿＿＿＿中的数放入位置 β。

（M$''$）将存储位点＿＿＿＿＿＿＿中的数放入位置 γ。

（M$'''$）将存储位点＿＿＿＿＿＿＿中的数放入位置 a。

（M$''''$）将存储位点＿＿＿＿＿＿＿中的数放入位置 b。

（N）停止对命令或报告进行响应。

（O）对来自某个算术运算或其他较低单元的报告做出响应。此类报告包含了某条命令的地址，逻辑单元从存储单元中获取该命令并将其存放为 c。

（P）不对报告做出回应。

现在我们可以考虑应在（c）下包含哪些逻辑函数：

（c1）产生数 δ，使其在 γ 取值为 1 时和 α 有相同的二进制位，在 γ 取值为 0 时和 β 有相同的二进制位。

（c2）产生数 δ，使其在 α 和 β 有相同二进制位时取值为 1，在 α 和 β 不同时取值为 0。

（c3）在 γ 周期性地取 1 时，通过排列 α 的二进制位产生数 δ。

（c4）通过在 γ 为 0 时取值为 0、在 γ 为 1 时取值为 1 来产生 δ，除非 α 和 β 的相应二进制位均为 1（非同时发生）。

当然，以上只不过是在尝试做出某个具体说明而已。这只是在描述为一台并行控制机器中的逻辑、算术运算及其他单元考虑的函数。

决策并不必然由某个逻辑单元的某个特定函数开始，可以通过获取数据编号、将它们转换为命令编号并将它们用作命令来进行决策。可在程序中设置使用该设备，不过这样做可能会比较慢。

逻辑函数计算可以和逻辑单元的其他函数分开进行。不太清楚这样做是否会有好处。

终极优势

对旨在拥有广泛适用性的巨型机而言，这种类型的机器组织也许将最具价值。考虑在计算成本下降、巨型高速存储器成为可能，以及印刷电路板等实现了大规模自动化生产时的某个未来时间点上开发一台大型机。如果这样一种发展成为现实，那么人们会希望数学家和程序员在解决某个问题时所需的人力降至最低。数学家需要做的工作就只是以几乎一般的数学格式向该机器描述该问题以及通用计算方法。这种机器应具有相当的理解能力，应靠自身就能制订出计算方案，并将计算的抽象程度逐步降至具体命令和存储模式的水平。

为了完成该类型解释工作，这种机器必须存储有相当大的通用解释程序，并为解释新问题做好准备。按理来讲，尽管效率不一定很高或速度不一定很快，但如果它们的存储器中存储有为此目的而充分开发的程序，现在的机器是能够做到这一点的。但一个足以从根本上消除编程的解释程序，需要耗用这些机器太多的存储空间。现在我们明白，能同时处理多个问题的大型并行机器将具有某种优势，该解释程序只需经过一次实例化。因此，大型机的一大优势是，它能比一个小型机集群中的任何一台存储更多基本信息，特别是存储更多可快速访问的信息。

如果逻辑单元及存储器的造价足够便宜，那人们就能够在这种机器中使用试错进程和搜索进程。试错进程和学习进程（需要大量存储空间）对于开发高级命令解释能力非常有用。试错进程与搜索或关联进程、抽象进程以及学习或条件进程结合，应能最终导致学习机器甚至真正电子计算机的诞生。对这一发展而言，并行控制操作无疑将十分重要。

考虑一台电子计算机长什么样会很有意思。很显然，一旦这些机器能够解决人类所能解决的最高难度智力问题，那它们就能以比人类快得多的速度解决大多数问题。

最后，人脑是一种高度并行机构，电子计算机也必须是。

第 10 章
The Essential John Nash

实代数流形

（1951 年 10 月 8 日收到）

约翰 F. 纳什

引言

本章的主要目的是，详细阐述不同几何形状与实代数几何形状之间的某些联系，这些联系与能通过某个实代数簇来假定的几何形式有关。

我们的第一个理论明确判定，任何闭微分流形均能用某个实代数簇的某个非奇异部分来表示。更具体地说，即该流形的任何微分嵌入均可用该流形的一个此类代数嵌入来近似计算。

这些微分流形的代数模型的存在表明，可用某种代数结构来系统阐述某个微分流形的抽象概念。这种概念的部分目的，是要揭示某个流形的各种可能代数表示之间的关系。事实证明，从根本上来讲，仅有一种代数结构（具有我们所考虑的类型）能被用于某个给定的闭微分流形。

通过将某个微分流形上的某些函数区分为代数函数，我们就把某个代数结构应用在了该微分流形上。代数函数的类别应满足几个合理条件。对被认为是代数函数类别的函数类别的选择并不是唯一确定的，但如果给定两个这样的类别，其中任何一个都满足这些条件，则它们均可通过该流形到自身的某个微分同态转换为另一个类别。从这个意义上来讲，该代数结构是唯一确定的。该流形与该类代数函数的结合被称为实代数流形。

在某个闭解析流形上使用一个基本函数集来描述某个实代数流形的精确定义这种想法非常实用。一个基本集是用来分析整个流形的一组有限单值实函数，要求这些函数可被用作将该流形嵌入某个欧几里得空间（非奇异）时的嵌入函数[为了说明术语"嵌入函数"的含义：设 $\mathfrak{M}$ 为该流形，p 表示 $\mathfrak{M}$ 上的某点，且 $x_1(p)$，…，$x_n(p)$ 是在将 $\mathfrak{M}$ 嵌入到 E^n 中时 p 图像的笛卡尔坐标，$x_i's$ 是嵌入函数]。

我们将一个实代数流形定义为一个闭分析流形 $\mathfrak{M}$ 及其上的一个函数环 $\mathfrak{R}$，以使：

a. $\mathfrak{R}$ 中的每个函数在 $\mathfrak{M}$ 的所有点上都是一个单值实分析函数。

b. 在由 $\mathfrak{R}$ 中函数构成的 $\mathfrak{M}$ 上存在一个基本集。

c. 若 $\mathfrak{R}$ 中的某个函数集包含了比 $\mathfrak{M}$ 维数更多的函数，则该集合中的函数必定满足某种非平凡多项式依赖关系。因此，$\mathfrak{R}$ 的超越程度必定是 $\mathfrak{M}$ 的维数。

d. 最后，$\mathfrak{R}$ 在满足以上条件的这一类环中必定是最大的。

实代数流形的概念在某种程度上与复杂代数流形的概念类似。在复杂代数流形中，人们可以使用单值亚纯函数，一个基本集即可定义该流形到某个复杂投影空间上的映射。因为一个亚纯函数（除 0 外）的倒数仍然是亚纯的，所以这类函数将在这里形成一个域。

实际上，与某个实代数流形（被视为一个抽象代数对象）关联的环足以确定该流形本身。可以通过取该环的最大理想子环作为该流形上的点来构建该流形；反之，给定一个闭微分流形，则仅有一个可能的抽象环能与之关联。这些属性是对我们的非域环的补偿。

我们对实代数流形的定义特别提到：使用该流形代数分析函数环 $\mathfrak{R}$ 中的嵌入函数可将流形 $\mathfrak{M}$ 嵌入到某个欧几里得空间。这样一种嵌入被称为该代数流形（$\mathfrak{M}$，$\mathfrak{R}$）的一个表征。

我们对术语"表征"的使用赋予了某种灵活性。它将有两种意思，从逻辑上来讲，这两种意思并不相同：第一种意思是，表征就是将某个代数流形映射到某个欧几里得空间；第二种意思是，表征就是某个欧几里得空间上构成此类映射图像的一个点集。以第二种意思使用该术语代表了某种逻辑捷径。此外，如果某个微分或分析流形的嵌入是以第二种"表征"的意思出现，则我们将称为代数嵌入或该原始流形的代数表征。

不应将我们定义的实代数流形与代数簇混为一谈。实代数流形的表征与代数簇密切相关，某个 n 维代数流形的表征将是某个 n 维代数簇的一部分。我们的部分工作就是描述实代数簇的表征部分。

为了进行这种描述，我们引入了实代数簇片的几何分析概念。一"片"就是某个实代数簇的一个子集且必定具有以下属性：

a. 给定该片中的任意两点，存在一条分析路径将它们联系在一起且完全处于该片范围内。根据到该代数簇空间的某个分析映射，一条分析路径就是指单元间隔 $t=0$ 到 $t=1$ 的图像。一条路径可能会自交并有尖点，但每个坐标都必定是时间 t 的某个解析函数。

b. 在具有属性 a 的该簇子集类别中，该片必定是最大的。

c. 该片必定存在一个拥有以下邻域的点：该簇在该邻域中的所有点也是该片中的点。

实际上，我们在本章中研究的片也是嵌入在该空间中的分析流形。不过，可以围绕具有奇点的片做一些有趣的设想。我们稍后会提到其中一些。

紧致非奇异片（即那些闭分析流形）是对代数流形的表征；反之，流形的代数表征总是某个簇的片。这就是我们对表征的描述。

若某个片在拓扑上与该簇的其他部分是分离的，则我们称其为"孤片"。准确地说，孤片是指被不包含该簇其他点的开放集环绕的片。

现在，若某个流形的一个代数表征是某个簇的一个孤片，则它会更令人满意，我们称这种更优雅的表征为"适当表征"。给定一个闭微分 n 维流形，则总能在 E^{2n+1} 中获得一个适当表征。不过，我们未能提供一个与适当表征有关的近似定理。

塞弗特（H. Seifert）的论文（见参考文献 2）包含了与流形代数表征有关的若干结论。他以法向量束是某个积束的方式考虑了可微分嵌入某个欧几里得空间的流形。这只是"存在一组在该流形上为零且以该流形各点的正交单位法向量为梯度的 $(n-r)$ 个 C^1 类函数"的充分必要条件，这里 n 是该欧几里得空间的维数、r 是该流形的维数。与这些函数近似的一组 $(n-r)$ 个足够好的多项式将定义该流形的一个近似适当代数表征。该代数近似是全部 $(n-r)$ 个近似多项式在其上同时为零的轨迹的一部分。多项式与原函数近似必须是二阶的，也就是说，多项式一节导数必须与相应的原函数一阶导数近似。塞弗特的方法具有获取某个适当表征的优势，但该方法只能用于可定向流形类别的某些部分。

我们认为存在比较好的机会来进一步研究流形的代数表征。由于我们在几个不同方向尝试扩展我们的结论都未成功，因此似乎需要一种新方法。本章结尾给出了若干自然推测。

我们还必须在这里定义"两个实代数流形等价"的概念。两个代数流形 $(\mathfrak{M}_1，\mathfrak{R}_1)$ 和 $(\mathfrak{M}_2，\mathfrak{R}_2)$ 间的代数对应是 $\mathfrak{R}_1$ 和 $\mathfrak{R}_2$ 之间的某个同构 ϕ。若两个代数流形间存在这样一种对应，则称该两个代数流形"等价"。该定义比其看起来要强，我们将证明这样一种代数对应总是会导致流形间的某个解析同胚。

引理 1 若 $\mathfrak{M}$ 为一个分析地嵌入在 E^n 中的流形，则它在 E^n 中有一个邻域 $\mathfrak{N}$；在该邻域中，$\mathfrak{M}$ 上唯一地存在一点 y 离 $\mathfrak{N}$ 中的每个点 x 均最近，y 在该邻域中分析地依赖于 x。

证明：设 λ_1，λ_2，$\cdots$，λ_r 分析且没有奇点地参数化了 $\mathfrak{M}$ 中的某个邻域 N_1。设 $y_i(\lambda)$ 为嵌入函数。因此矩阵

$$\left\| \frac{\partial y_i}{\partial \lambda_\alpha} \right\|$$

在 N_1 的所有点上均有秩 r。

考虑方程组

$$x_i = z_i + y_i(\lambda)$$

$$\mu_\alpha = \sum_i z_i \frac{\partial y_i}{\partial \lambda_\alpha}$$

这里认为：x 是 E^n 中的一个点，z 是从 $\mathfrak{M}$ 上的 $y(\lambda)$ 到 x 的向量。若 $\mu = 0$，则 z 垂直于 $\mathfrak{M}$。

我们现在来研究变换 T：$(z,\lambda) \rightarrow (x,\mu)$。$T$ 的雅可比（Jacobian）行列式为

	x_i 部分		μ_α 部分
z_j 部分	$\begin{matrix} 1 & & & 0 \\ & 1 & & \\ & & 1 & \\ & & & \ddots \\ 0 & & & 1 \end{matrix}$		$\dfrac{\partial y_j}{\partial \lambda_\alpha}$
λ_β 部分	$\dfrac{\partial y_i}{\partial \lambda_\beta}$		$\sum_i z_i \dfrac{\partial^2 y_i}{\partial \lambda_\alpha\, \partial \lambda_\beta}$

若 $z=0$，则易知该雅可比行列式的绝对值为该矩阵 $r \times r$ 子式的平方和

$$\left\| \frac{\partial y_i}{\partial \lambda_a} \right\|$$

因此该值不为零。所以在空间 (z, λ) 中某点 $(0, \lambda^{(0)})$ 的邻域，变换 T 是非奇异的。

这样一个点 $(0, \lambda^{(0)})$ 对应于空间 (x, μ) 中的某点 $(x^{(0)}, 0)$，且 $x^{(0)}$ 在 $\mathfrak{M}$ 上和 N_1 中。点 $(x^{(0)}, 0)$ 在 (x, μ) 空间必定有一个邻域 N_2，该邻域与点 $(0, \lambda^{(0)})$ 的某个邻域（T 在其中非奇异）一一对应。

由隐函数定理可知，N_2 中将存在分析反函数 $z(x, \mu)$ 和 $\lambda(x, \mu)$。对每个使 $(x, 0)$ 在 N_2 中的点 x，我们可以通过 $y(x)=y(\lambda(x, 0))$ 来定义 $\mathfrak{M}$ 上的一个点 $y(x)$。该点 $y(x)$ 使从 $y(x)$ 到 x 的线段垂直于 $\mathfrak{M}$。同样，$y(x^{(0)})$ 即 $x^{(0)}$。设 N_3 是 $x^{(0)}$ 的邻域，在该邻域中，$(x, 0)$ 在 N_2 内且 $y(x)$ 有定义。

我们现在证明：若 x 离 $x^{(0)}$ 足够近，则 $y(x)$ 是离 $\mathfrak{M}$ 上的 x 唯一最近的点。首先，注意到若 x 离 $x^{(0)}$ 足够近，则 $\mathfrak{M}$ 上所有离 x 最近的点必定在 N_1 内；其次，注意到若 λ 是某个最近点的参数化表示，则由 $y(\lambda)$ 到 x 的向量 z 垂直于 $\mathfrak{M}$，使得 $T(z, \lambda)$ 为 $(x, 0)$。

但是，若 x 趋近于 $x^{(0)}$ 且变换 T 在 $(0, \lambda^{(0)})$ 局部一一对应，则 (z, λ) 必定趋近于 $(0, \lambda^{(0)})$。因此，在充分趋近于 $x^{(0)}$ 的情况下，E^n 中的任意点都会在 $\mathfrak{M}$ 上有一个唯一最近点，该最近点将分析依赖于 E^n 中的该点。

既然 $x^{(0)}$ 可能是 $\mathfrak{M}$ 上的任意点，则该判断显然成立。

引理 2 设 f 是 E^n 某个开集合 $\mathfrak{S}$ 中的一个实单值分析函数，这里 $\mathfrak{S}$ 包含了以某个闭分析超流形 $\mathfrak{B}$（$\mathfrak{B}$ 可能不连贯）为界的闭区域 $\mathfrak{A}$。那么在 E^n 的坐标中存在一个多项式序列 $\{f_v\}$，该序列在 $\mathfrak{A}$ 中一致收敛于 f。此外，对与 E^n 坐标有关的任意类型导数 $\mathbf{D}$，如

$$D = \frac{\partial^{17}}{\partial x_3^4 \, \partial x_5 \, \partial x_2^{11} \, \partial x_{13}}$$

$\{Df_v\}$ 在 u 中一致收敛于 Df。

证明：设 $p(x)$ 是点 x 到区域 $\mathfrak{A}$ 的距离。给定任意正常量 δ，可通过以下方程定义一个连续函数 $\zeta(x)$

$$(a)\zeta = 0, \text{若 } \rho \geqslant \delta$$

$$(b)\zeta = 1, \text{若 } \rho = 0, \text{且}$$

$$(c)\zeta = \frac{e^{-1/(\delta-\rho)}}{e^{-1/(\delta-\rho)} + e^{-1/\rho}}, \text{ 若 } 0 < \rho < \delta$$

假设 δ 足够小，使 ζ 成为一个 C^∞ 函数，并使 $\zeta=0$ 对 $\mathfrak{S}$ 以外的所有点均成立。这可能是因为引理 1 证明 ρ 分析地趋近 $\mathfrak{A}$。

考虑函数 ζf，并考虑在 f 未定义时使其取值为 0 来将其定义范围扩展至整个 E^n。在某个足以包含使 $\zeta f \neq 0$ 的所有点的立方形中，可获得一个性能非常好的 ζf 多重傅里叶级数。与其对应项阶数的任意负幂相比，系数的下降速度更快。这将使部分和 $\{S_n\}$ 一致收敛于该函数，并且对每种类型的导数 D 而言，序列 $\{DS_n\}$ 将一致收敛于 $D(\zeta f)$。

每个部分和 S_n 都是若干（基于复杂性）变量的一个完整函数，因此具有收敛十分迅速的幂级数。对任何 S_n 而言，其幂级数的部分和将在 $\mathfrak{A}$ 中一致收敛于 S_n，并且它们的导数将一致收敛于 S_n 的导数。

现在有一点变得很明显，因为在 $\mathfrak{A}$ 中有 $\zeta f = f$，所以我们可通过运用对角线法在 $\mathfrak{A}$ 中获得一个以该定理所确定的方式收敛于 f 的多项式序列。

定理 1 可用某个闭微分流形代数表征来近似计算将该流形嵌入 E^n 的微分嵌入 $\mathfrak{D}$。

从本质上讲，我们构建该代数近似的过程类似于惠特尼（Whitney）（见参考文献 1）用来求解某个欧几里得空间嵌入微分流形的分析近似的方法。

举例说明我们构建过程的主要特征。假设 $\mathfrak{D}$ 是 E^8 中的一个五维流形。因为可将该问题简化为这种情况，所以可假设流形 $\mathfrak{D}$ 是一个分析嵌入。我们研究 $\mathfrak{D}$ 的一个较小邻域 $\mathfrak{N}$，在该邻域中，E^8 中的每个点 x 均有 $\mathfrak{D}$ 上的唯一最近点 $y(x)$。我们求解一个其分量为多项式并且与函数 $y(x)-x$ 近似的向量函数 $u(x)$。我们使用 E^8 坐标的代数函数来描述一个穿过 x 的三维平面 $(3=8-5)\mathfrak{B}(x)$，该平面近似于在 $y(x)$ 垂直于 $\mathfrak{D}$ 的三维平面 $\mathfrak{R}(x)$。

定义该代数嵌入近似流形的条件是 u 应垂直于 $\mathfrak{B}$。该条件相当于三个代数条件，因为 $\dim(\mathfrak{B})=3$，所以该条件应在 E^8 中的五维流形上成立。不过，要使之成为 $\mathfrak{D}$ 的一个良好代数近似，u 不仅须与 $y(x)-x$ 近似，而且其导数也应与 $y(x)-x$ 的导数近似。

约定

在证明定理 1 之前，我们必须对用来简化证明过程的某些术语约定进行说明。字母 x，y，z，u，v，ϕ，φ，ψ 将表示向量或位置。当其中某个字母带有下标时，表示是其中某个分量。向量 x 表示 E^n 中的位置，我们将使用的所有函数的导数（x 的分量）都将采用 E^n 的笛卡尔坐标。字母 $\mathbf{M}$，$\mathbf{L}$，$\mathbf{P}$，$\mathbf{\Pi}$，$\mathbf{K}$ 将表示矩阵（算子）。

另一个约定集实现了一种概念性方法，这种方法使我们能在不使用大量不等式的情况下对近似问题进行讨论。通过部分地采用图示方法对这些约定以及该概念性方法做了最好的解释。解释如下。

以下证明中将认为 x 的所有函数仅位于 E^n 的某个区域（称为 $\mathfrak{N}$）内。现在假设 f 是 $\mathfrak{N}$ 中的某个函数解析且我们希望通过一个多项式 p 来趋近于它。结果，讨论提升多项式与 f 近似的某个序列 $\{p_v\}$ 将更为方便。为了使符号对称，我们引入了一个均与 f 相等的函数序列 $\{f_v\}$。

现在的基本思想是研究函数序列而不是单一函数之间的近似关系。这产生了一个更容易精确处理的概念。例如，我们用

$$\{f_v\} \approx \{p_v\}$$

来说明所指示的函数序列彼此近似，而且这意味着：① $\{f_v - p_v\}$ 在所讨论的域 $\mathfrak{N}$ 内必定是一个一致收敛于 0 的函数序列；② 对与 E^n 的笛卡尔坐标相关的任意类型导数 $\mathbf{D}$ 而言，序列 $\{\mathbf{D}f_v - \mathbf{D}p_v\}$ 在 $\mathfrak{N}$ 内必定一致收敛于 0。

因此，我们的近似概念还包含了导数的近似。这种定义的好处是：对两个彼此近似的函数序列中的函数求微分，会产生两个新的相互近似的序列。

既然我们在整个证明过程中都将使用这一约定，那么约定用表示某个函数的符号（如 f），来一致地表示某个函数序列（如 $\{f_v\}$）会很方便。该序列中的所有成员有时相同，有时不同。我们还将这种方法推广至向量函数、多项式、算子等，将使用 $\approx$ 来作为表示近似关系的一般符号。

我们会间或使用 $\approx$ 来表示其本身没有导数的对象之间的近似性，如无序数集。当以这种方式使用时，应从上下文中弄清楚必须理解的对 $\approx$ 含义的必要修改。

在证明中，所有声明都将针对索引每个函数序列的通用索引 v 的某个特定值做出，因此就像每个符号代表了某个单一函数而不是某个函数序列。我们约定，声明和定义只需对几乎所有 v 的值有效或有意义，即仅在近似性足够好时。例如，某个定义可能毫无意义，除非某些量足够趋近于零。在证明过程中，如何详细地运用这一约定将变得更为清晰。

定理 1 的证明：证明的第一步是利用惠特尼的解析近似结论（见参考文献 1），并假设 $\mathfrak{D}$ 被解析地嵌入，因为不然的话，$\mathfrak{D}$ 就可能与某个微分同胚解析

流形近似，且对该新流形的某个代数近似将与 $\mathfrak{D}$ 近似。

我们的引理 1 确保了 $\mathfrak{D}$ 将有一个邻域 $\mathfrak{N}$，为方便起见，我们认为 $\mathfrak{N}$ 是 $\mathfrak{D}$ 的一个闭球面邻域，以使 $\mathfrak{N}$ 中的每个点 x 在 $\mathfrak{D}$ 上都有一个唯一的最近点 $y(x)$。此外，$y(x)$ 将是 $\mathfrak{N}$ 中的某个分析函数。

设 v 表示向量函数 $y-x$。设 r 是 $\mathfrak{D}$ 的维数，将存在一个唯一的 $(n-r)$ 维平面 $\mathfrak{K}$ 在 y 垂直于 $\mathfrak{D}$。这将随 y 从而随 x 解析地变化。设 $\mathbf{K}$ 为投影算子，投影运算将把所有向量投影到它们与 $\mathfrak{K}$ 平行的分量中，如 $\mathbf{K}v=v$。$\mathbf{K}$ 和 v 现在是 $\mathfrak{N}$ 中 x 的解析函数。

下一步是获取 v 和 $\mathbf{K}$ 的多项式近似值（实际上我们获得了改善两者近似值的一个序列），引理 2 被证明能使我们做到这一点。因此，设 u 是 v 的近似值，$\mathbf{L}$ 是 $\mathbf{K}$ 的近似值（u 和 $\mathbf{L}$ 实际上代表了函数序列），用符号来表示，即 $u \approx v$ 和 $\mathbf{L} \approx \mathbf{K}$。可以很方便地使 $\mathbf{L}$ 成为一个对称矩阵，很显然这个条件能够得到满足，因为 $\mathbf{L}$ 将与对称矩阵 $\mathbf{K}$ 近似。所以，我们假设 $\mathbf{L}$ 是对称的。

设 $a(\lambda)$ 和 $\alpha(\lambda)$ 分别为 $\mathbf{K}$ 和 $\mathbf{L}$ 的特征多项式，经过归一化处理后第一项系数均为 $+1$。我们有 $a(\lambda) \approx \alpha(\lambda)$，因此

$$[a\ \text{的根集合}] \approx [\alpha\ \text{的根集合}]$$

现在 $a(\lambda)=\lambda^r(\lambda-1)^{n-r}$，因为 $\mathbf{K}$ 将把向量投影到 $(n-r)$ 维平面 $\mathfrak{K}$ 上。结果，a 或 α 的根集合都可能被划分为两部分：第一部分是 r 个根 ≈ 0 的集合；第二部分是 $(n-r)$ 个根 ≈ 1 的集合。设 b 和 β 为 a 和 α 包含小根的因子，设 c 和 γ 为互补因子（第一项系数均为 $+1$）。

β 的系数将是 x 的解析函数。我们现在停下来通过一个小引理证明这一点，该小引理将告诉我们，一个多项式的某个因子的系数在什么时候会解析地依赖于原始多项式的系数。

由 r 个实数 δ_1，δ_2，$\cdots$，δ_r 及 $(n-r)$ 个实数 θ_1，θ_2，$\cdots$，θ_{n-r}，我们可

形成两个多项式

$$\Delta = \lambda^r + \delta_1 \lambda^{r-1} + \cdots + \delta_r$$

和

$$\Theta = \lambda^{n-r} + \theta_1 \lambda^{n-r-1} + \cdots + \theta_{n-r}$$

两者的积 $\Delta\Theta$ 可写为

$$\Delta\Theta = \lambda^n + \xi_1 \lambda^{n-1} + \cdots + \xi_n$$

将 $\delta's$ 和 $\theta's$ 代入 $\xi's$ 的变换很明显是解析变换，因为 $\xi's$ 是 $\delta's$ 和 $\theta's$ 的多项式。我们希望找到在其下存在某个局部解析逆变换的条件，显而易见的做法是考察该变换的雅可比行列式

$$\frac{\partial(\xi_1, \cdots, \xi_n)}{\partial(\delta_1, \cdots \delta_r, \theta_1, \cdots \theta_{n-r})}$$

该雅可比行列式被证明恰好是多项式 Δ 和 Θ 的组合。既然两个多项式的组合仅在它们有一个共同因子时为零，那么除非 Δ 和 Θ 有一个共同的根，否则该变换将是非奇异的，且存在一个局部解析逆变换。因此，除 Δ 和 Θ 有一个共同的根这种情况外，$\delta's$ 和 $\theta's$ 将解析地依赖于 $\xi's$。

现在在 β 和 γ 的情况下，β 的根近似为 0，而 γ 的根近似为 1，因此 β 和 γ 没有共同的根。并且由于两者的积为 α，故 β 的系数分析地依赖于 α 的系数，从而解析地依赖于 x。实际上，β 的系数也是 x 的代数函数，即 E^n 坐标的代数函数。稍后我们将展示描述这种依赖性的特定多项式。

我们现在可定义算子 $\mathbf{P} = \beta(\mathbf{L})$。这里我们将使用把某个矩阵代入一个多项式以获取某个新矩阵的标准方法。"β 是 $\mathbf{L}$ 的特征多项式 α 的一个因子"这一事实使 $\mathbf{P}$ 具有一些特殊属性。$\mathbf{L}$ 的任意特征向量必定也是 $\mathbf{P}$ 的一个特征向量，不过相关的特征值将发生改变。新特征值是通过将旧特征值代入多项式 β 获得。由于 $\mathbf{L}$ 的 r 个较小特征值是 β 的根，所以它们变成了 $\mathbf{P}$ 的 r 个零特征

值。因为 $\beta \approx b = \lambda^r$，所以近似为 $+1$ 的 $\mathbf{L}$ 其 $(n-r)$ 个较大特征值将仍然近似为 $+1$。同样，因为 $\mathbf{P} = \beta(\mathbf{L}) \approx b(\mathbf{K}) = \mathbf{K}^r = \mathbf{K}$，所以有 $\mathbf{P} \approx \mathbf{K}$。

算子 $\mathbf{K}$ 可被认为是将向量投影至穿过 x 并与 $\mathfrak{D}$ 垂直相较于 $y(x)$ 的 $(n-r)$ 维平面 $\mathfrak{N}$ 上。类似地，因为 $\mathbf{P}$ 的秩总是为 $n-r$，故 $\mathbf{P}$ 定义了穿过 x 的 $(n-r)$ 维平面 $\mathfrak{B}$。不过，$\mathbf{P}$ 的 $(n-r)$ 个非零特征值只是近似而不是完全等于 1，所以 $\mathbf{P}$ 的操作并不是 $\mathfrak{B}$ 上一个纯粹的正交投影。会存在某种变形。因为 $\mathbf{P} \approx \mathbf{K}$，所以我们可通过 $\mathfrak{B} \approx \mathfrak{N}$ 来表示 $\mathfrak{B}$ 近似地平行于 $\mathfrak{N}$。

现在设

$$\phi = \mathbf{P}u$$

和

$$\psi = \mathbf{K}\phi$$

因为 $\mathbf{P} \approx \mathbf{K}$ 和 $u \approx v$ 使得 $\mathbf{P}u \approx \mathbf{K}v = v$，所以 $\phi \approx v$。又因为 $\mathbf{K}\phi \approx \mathbf{K}v = v$，所以 $\psi \approx v$。另外，因为 ϕ 位于近似平行于 $\mathfrak{N}$ 的平面 $\mathfrak{B}$ 内使得 ϕ 本身几乎完全在 $\mathfrak{N}$ 内，所以 $\phi = 0$ 和 $\psi = 0$ 实际上是等价条件。因此，除非 ϕ 为零，否则 $\mathbf{K}\phi$ $(=\psi)$ 将不会为零。决定 $\mathfrak{D}$ 的该代数近似的条件将是 $\phi = 0$。考虑 ψ 的优势在于它位于 $y(x)$ 垂直于 $\mathfrak{D}$ 的平面 $\mathfrak{N}$ 内。

我们通过下列式子定义向量函数 $z(x)$

$$z = x + v - \psi$$

z 将被认为是 E^n 中的一点。因为 $v \approx \psi$，所以有 $z \approx x$。z 和 x 之间的这种近似关系要求 z 和 x 的相应导数相互近似。因此，特别地，变换 $x \rightarrow z(x)$ 的雅可比行列式将近似恒等变换 $x \rightarrow x$ 的雅可比行列式，后一变换的雅可比行列式为 $+1$。结果，$\mathfrak{N}$ 中的每一个点都将有一个邻域使得映射 $x \rightarrow z(x)$ 是一对一和非奇异的。

我们必须证明映射 $x \rightarrow z(x)$ 在全局范围内（即在整个区域 $\mathfrak{N}$ 内）是一对一

的。"$\mathfrak{N}$ 的边界 $\mathfrak{D}$ 是一个解析流形"这个事实在证明过程中很重要。在这方面，"一个流形是连接的"这个通常要求被放宽了。$\mathfrak{N}$ 是 $\mathfrak{D}$ 的一个球面邻域，因而使 $\mathfrak{D}$ 是离 $\mathfrak{D}$ 一定距离的点的集合。因为到 $\mathfrak{D}$ 的距离（即函数 $|v|$）是一个 $\mathfrak{N}$ 内（除 $\mathfrak{D}$ 本身以外）的解析函数，所以 $\mathfrak{D}$ 是分析的。

现在考虑限于 $\mathfrak{D}$ 的映射 $x \rightarrow z(x)$。因为该映射近似于恒等映射且拥有近似于恒等映射导数的导数，所以很显然，它将 $\mathfrak{D}$ 一一映射到了另一个与 $\mathfrak{D}$ 近似的解析流形 $\mathfrak{D}^*$。现在很容易看到，因为映射 $x \rightarrow z(x)$ 在 $\mathfrak{N}$ 内是局部一一映射且在 $\mathfrak{N}$ 的边界上是一一映射，所以该映射在整个 $\mathfrak{N}$ 上是一一映射。因此，$\mathfrak{N}$ 被解析地映射到了一个类似的区域 $\mathfrak{N}^*$，在该相似区域内定义了一个逆映射 $z \rightarrow x(z)$。当然，这一切可能仅在诸如 $z(x)$ 之类符号所实际代表的函数序列的通用索引 v 取值足够大时才成立。我们一直在使用我们的约定，该约定解释了"在上述论点中做出的非常强且仅对几乎所有 v 值成立的声明"。

因为 $\mathfrak{N}^*$ 的边界近似于 $\mathfrak{N}$ 的边界且仅有 $\mathfrak{N}$ 边界附近一小部分点不满足"$\mathfrak{N}$ 内的点也在 $\mathfrak{N}^*$ 内"这条规则，故 $\mathfrak{D}$ 在 $\mathfrak{N}^*$ 内。因此，逆函数 $x(z)$ 将在 $\mathfrak{D}$ 上被定义。该逆函数将 $\mathfrak{D}$ 映射到了一个分析流形（我们称为 $\mathfrak{B}$）。很显然，$\mathfrak{B}$ 近似于 $\mathfrak{D}$。

对 $\mathfrak{B}$ 上某点 x 而言，$z(x)$ 为 $x+v-\phi$ 并在 $\mathfrak{D}$ 上。$x+v$ 之和为 y，且在 $\mathfrak{D}$ 与平面 $\mathfrak{R}$（穿过 x 并和 $\mathfrak{D}$ 在 y 相交）的交集附近。点 y 不会是 $\mathfrak{R}$ 和 $\mathfrak{D}$ 的唯一交点，但它会是在 x 附近的唯一一点。因为 ϕ 是与 $\mathfrak{R}$ 平行的一个向量，所以值为 $y+\phi$ 的点 $z(x)$ 必定在 $\mathfrak{R}$ 内。而由于 $z(x)$ 也在 $\mathfrak{D}$ 上，所以我们可断定 ϕ 为 0。否则 $z(x)$ 不可能既在 x 附近又在 $\mathfrak{D}$ 上。因此，$\phi=0$ 在 $\mathfrak{B}$ 的所有点上成立。

反之，只要 $\phi(x)$ 为 0，$z(x)$ 就为 $x+v$，该值即 y 且在 $\mathfrak{D}$ 上，所以 x 在 $\mathfrak{B}$ 上。因此，$\mathfrak{B}$ 由条件 $\phi=0$ 或等价条件 $\phi=0$ 来表征。

$\mathfrak{B}$ 是 $\mathfrak{D}$ 的代数近似。不过我们还必须证明它满足一个代数表征的形式定义。这将作为以下在 E^{n+r} 中构建该原始流形的一个适当表征 $\mathfrak{B}^*$ 的自然结论获得，在这种情况下，$\mathfrak{B}^*$ 将投影至 E^n 中的 $\mathfrak{B}$。

我们以 $(x, \mathfrak{b})$ 来参数化 E^{n+r}，这里 x 是 E^n 中的某点，$\mathfrak{b}$ 表示下列多项式的后 r 个系数 $(\mathfrak{b}_1, \mathfrak{b}_2, \cdots, \mathfrak{b}_r)$

$$\mathfrak{b}(\lambda) = \lambda^r + \mathfrak{b}_1 \lambda^{r-1} + \cdots + \mathfrak{b}_r$$

因此，E^{n+r} 中的某点实际上就是 E^n 中的某点与一个多项式的结合（出于我们的目的）。

设 η 是由 $\mathfrak{b}(\lambda)$ 除 $\alpha(\lambda)$ 所得余数部分的 r 个系数形成的向量，即

$$\eta(\lambda) = \eta_1 \lambda^{r-1} + \eta_2 \lambda^{r-2} + \cdots + \eta_r = [\alpha(\lambda)/\mathfrak{b}(\lambda)] \text{ 的余数部分}$$

向量 η 与 E^{n+r} 中的每个点都相关，事实上，因为 $\alpha(\lambda)$ 系数是 E^n 坐标的多项式（x 的多项式），所以 $\eta_i's$ 是 E^{n+r} 坐标的多项式。

设

$$\Pi = \mathfrak{b}(\mathbf{L}), \text{ 并设 } \varphi = \Pi u$$

注意到 φ 的分量是 x 和 $\mathfrak{b}$ 的多项式这一点很重要。我们将证明方程组（✠）

$$\varphi = 0$$
$$\eta = 0$$

定义了 E^{n+r} 中的一个簇且该簇有一个孤片 $\mathfrak{B}^*$ 是所期待的该原始微分流形的适当代数表征。

对 $\mathfrak{N}$ 的每个点 x 而言，多项式 $\beta(\lambda)$ 都有定义。可认为 (x, β) 是 E^{n+r} 中的一个点并且映射 $x \rightarrow (x, \beta)$ 是解析的。限制于 $\mathfrak{B}$，该映射将 $\mathfrak{B}$ 代入了 E^{n+r} 中的某个同胚解析流形 $\mathfrak{B}^*$。

方程组（✠）将在 $\mathfrak{B}^*$ 上成立，因为多项式 $\mathfrak{b}$ 和 β 在 $\mathfrak{B}^*$ 上相同，故 φ 即 ϕ 且将为零；尽管 η 必定为零，但因为 $\eta = 0$，只是说明 $\mathfrak{b}$ 除以 α 的一种方式，

故 $\mathfrak{b}$ 在 $\mathfrak{B}^*$ 将拥有的属性是它与 β 相等，β 最初是被定义为 α 的某个因子。

我们现在需要证明的是，在 $\mathfrak{B}^*$ 的某个充分受限的邻域内，使方程组(✠)成立的唯一点是那些在 $\mathfrak{B}^*$ 上的点。

$\beta(\lambda) \approx \mathfrak{b}(\lambda)$ 且 $\mathfrak{b}(\lambda)$ 即 λ^r，$\mathfrak{b}(\lambda)$ 在 $\mathfrak{B}^*$ 上与 $\beta(\lambda)$ 相等，因此，对 E^{n+r} 中靠近 $\mathfrak{B}^*$ 的点而言，除第一项系数为 $+1$ 外，$\mathfrak{b}$ 的所有系数都将趋近于零，所以 $\mathfrak{b}$ 的所有根都将趋近于零。现在，多项式 $\alpha(\lambda)$ 有 r 个根趋近于零，$(n-r)$ 个根趋近于 1。所以，若 $\mathfrak{b}$ 除以 α (实际上即 $\eta=0$) 且所考虑的 E^{n+r} 中的点靠近 $\mathfrak{B}^*$，则我们可知，$\mathfrak{b}$ 必定是包含 r 个 α 较小根的 α 因子 β。

因此我们看到，对 E^{n+r} 中靠近 $\mathfrak{B}^*$ 的点以及 $\eta=0$ 而言，多项式 $\mathfrak{b}$ 即 β；由此可得，在这些点上有 $\varphi=\phi$。如果加上 $\varphi=0$，那么我们的点便具有 (x, β) 的形式并且使得 $\phi(x)=0$，很显然，这样一个点位于 $\mathfrak{B}^*$ 上。这样就完成了对 $\mathfrak{B}^*$ 是一个孤立部分的证明，该孤片显然属于由方程组(✠)定义的簇。

根据定理 6，$\mathfrak{B}^*$ 是该原始流形的一个适当表征。由于将 E^{n+r} 中的 $(x, \mathfrak{b}) \to x$ 映射到 E^n 使 $\mathfrak{B}^*$ 被代入 $\mathfrak{B}$，因此很显然，$\mathfrak{B}$ 也将满足代数表征定义中所给出的要求。我们可运用定理 5 来证明 $\mathfrak{B}^*$ 将是 E^{n+r} 中某个不可再分的 r 维簇的一个片。因此，可通过一般线性投影的经典代数几何方法获取 E^{2r+1} 中的某个适当表征。如果该簇位于一个维数两倍于其维数的空间中，则这样一种投影不会在该簇中引入新的奇点(即没有新的二重点)。我们将我们刚刚证明的这个理论描述如下。

定理 2　一个闭微分流形在欧几里得空间总是有一个两倍于其维数的适当表征。

定理 3　在某个代数流形 $(\mathfrak{M}, \mathfrak{R})$ 中，$\mathfrak{M}$ 上的点与 $\mathfrak{R}$ 的最大理想子环(一个点，对应于在那为零的所有函数的理想子环)自然地一一对应。

证明：首先，对 $\mathfrak{R}$ 的任意适当理想子环 $\mathfrak{g}$ 而言，存在 $\mathfrak{M}$ 上的某个点，$\mathfrak{g}$ 中的所有函数在该点为零。否则假设：每个点都位于 $\mathfrak{g}$ 中某个函数不会为零的开集合中。由于所有这些开集合的类别形成了对该紧致空间 $\mathfrak{M}$ 的一个覆盖，所以某个有限子类必定也覆盖 $\mathfrak{M}$。并且，如果我们将匹配这样一个有限子覆盖集合的函数平方后相加，则我们就获得了 $\mathfrak{g}$ 中一个不会为零的函数。但因为该理想子环 $\mathfrak{g}$ 不可能在没有包含 $\mathfrak{R}$ 中所有函数的情况下包含这样一个函数（其倒数必定在 $\mathfrak{R}$ 中），所以我们建立了该初始判断。

其次，对 $\mathfrak{M}$ 上的任意点 p 而言，设 $\mathfrak{g}_p$ 是 $\mathfrak{R}$ 中所有在 p 为零的函数的理想子集，那么 p 是 $\mathfrak{g}_p$ 的所有函数在此为零的唯一点。因为记住，若 p' 是任意另外一点，则 $\mathfrak{R}$ 中存在某个函数 f 在 p 和 p' 取不同的值。而且，由于所有常函数都在 $\mathfrak{R}$ 中，故 f 减去 f 在 p 的值是 $\mathfrak{g}_p$ 中某个在 p' 不为零的函数。

结合我们的第一个和第二个判断，便能很容易证明该定理。

定理 4 两个代数流形（$\mathfrak{M}_1$，$\mathfrak{R}_1$）和（$\mathfrak{M}_2$，$\mathfrak{R}_2$）之间的某个代数对应 ϕ 自然地引入了 $\mathfrak{M}_1$ 和 $\mathfrak{M}_2$ 之间的一个分析同胚。

证明：设 S_1 和 S_2 是 $\mathfrak{M}_1$ 和 $\mathfrak{M}_2$ 上由取自 $\mathfrak{R}_1$ 和 $\mathfrak{R}_2$ 的函数组成的基本集。设 ϕS_1 是 $\mathfrak{R}_2$ 中对应于 $\mathfrak{R}_1$ 中集合 S_1 的函数集，对 ϕS_2 也作同样假设。那么，$T_1 = S_1 \bigcup \phi S_2$ 及 $T_2 = S_2 \bigcup \phi S_1$ 将与 $\mathfrak{M}_1$ 和 $\mathfrak{M}_2$ 上的基本集对应。

根据定理 3，ϕ 引入了 $\mathfrak{M}_1$ 和 $\mathfrak{M}_2$ 上点的某种对应。现在，$\mathfrak{R}_1$（或 $\mathfrak{R}_2$）上某个函数在某个最大函数理想子环（点）上的值以该环代数结构表示。因此，T_1 中的函数在 $\mathfrak{M}_1$ 中某点的值与 T_2 中的函数在 $\mathfrak{M}_2$ 中对应点的值相同。

最后，由于一个基本集定义了流形到欧几里得空间的一个解析映射，所以 T_1 和 T_2 将 $\mathfrak{M}_1$ 和 $\mathfrak{M}_2$ 上的对应点发送到了共同映像（一个分析嵌入流形）的相同点。因此，ϕ 引入的 $\mathfrak{M}_1$ 和 $\mathfrak{M}_2$ 上点的对应是一个分析同胚。

一些预备知识

在证明以下定理的过程中，我们将利用代数几何学家发展的一些概念和结论。为了方便和清晰起见，我们收集了了解六项"论据"（编号列出如下）所需的信息。对希望验证的读者来说，参考文献 3 和 7 是不错的资料。我们描述这些论据的目的是将其应用于某个实簇或复簇 V。

F1. 簇 V 拥有最小的定义域 F（对有理数的扩展），使 V 可由其系数落入 F 中的多项式方程定义；不存在 F 的适当子域，使 V 可由其系数落入该子域的多项式定义。这就是定理：F 对任意给定的 V 而言都是唯一的。

F2. V 中某点 $x=(x_1，\cdots，x_n)$ 的代数维数 $\dim(x)$ 为 x 的坐标数，这些坐标可用代数方法在 F 上独立选取。

F3. V 中拥有最大维数的点 x 被称为"普通点"，$\dim(V)$ 即为其普通点的维数。

F4. 设 x 是一个代数维数为 r 的普通点。那么，由 r 个坐标形成的任意集合在 x 的取值（这些值在 F 上是代数独立的）可被用来非奇异地参数化 V 中 x 的某个邻域。若 V 为一个复簇，则该参数化过程将是复杂的。

F5. 若 x 我 V 的一个点且 $\dim(x)<\dim(V)$，那么在 $\dim(W)=\dim(x)$ 的情况下，x 是某个子簇 W 的一个普通点。W 的定义域包含在 V 的定义域中。

F6. 若 E^n 中某个簇的代数维数为 r，那么 E^n 由 $(r+1)$ 个坐标形成的各集合将是 V 的一个非平凡多项式。

定理 5 E^n 中某个代数流形（$\mathfrak{M}$，$\mathfrak{R}$）的某个表征 $\mathfrak{B}$ 是某个不可再分簇 V（其维数与 $\mathfrak{M}$ 的维数相同）的一个片。

证明：我们首先证明 $\mathfrak{B}$ 被包含在某个其维数不超过 r 的不可再分簇 V 中，这里 r 为 $\mathfrak{M}$ 的维数。

由表征的定义可知，被认为是 $\mathfrak{B}$（我们在这里将其等同于 $\mathfrak{M}$）上函数的坐标 x_1，x_2，$\cdots$，x_n。形成了 $\mathfrak{R}$ 的一个函数集，因此，其中任意 $(r+1)$ 个坐标都满足 $\mathfrak{B}$ 上某个非平凡多项式关系。为这些坐标的每个 $(r+1)$ 元组选择一种这样的关系，并设 V_0 表示该方程组所定义的簇。

V_0 可能是可再分的，在这种情况下，它是由两个较小簇（如 V_1 和 V_2）合并而成。集合 $V_1 \bigcap \mathfrak{B}$ 将是一个闭集合，因此不在 V_1 中的 $\mathfrak{B}$ 的子集 $\mathfrak{S}$ 是流形 $\mathfrak{B}$ 的一个开子集。若 $\mathfrak{S}$ 非空，则它在 V_1 中使每个在 V_2 上为零的多项式也在 $\mathfrak{S}$ 上为零，并且根据分析连续性，在整个 $\mathfrak{B}$ 上为零。因此，若 $\mathfrak{B}$ 没有被包含在 V_1 中，则它就被包含在 V_2 中。

继续该分解过程，我们必须最终获得 V_0 的一个不可再分且包含 $\mathfrak{B}$ 的子簇 V，因为代数几何学中有此定理：不存在无限的簇序列使其中每个簇都是其前驱的一个适当子簇。

假设 $\dim(V) > r$，那么 V 上必定存在一个被 E^n 中的 $(r+k)$ 个坐标非奇异参数化的邻域（见 **F4**），但这与"这些坐标中的任意 $(r+1)$ 个必定满足 V_0 上（因此也是 V 上）的某个多项式关系"这一事实不符，所以 $\dim(V) \leqslant r$。

现在考虑 $\mathfrak{B}$ 上的某点。坐标 x_1，x_2，$\cdots$，x_n 的某个 r 元组必定足以非奇异地参数化该点在 $\mathfrak{B}$ 中的某个邻域 N_1。我们可以为这 r 个参数化坐标找到对应于 N_1 中某点且在 V 的定义域上代数独立的 r 个数值。我们能做到这一点是因为，一个簇的定义域必定是可枚举的，且该簇任意有限扩展的代数闭包也同样如此，而实数域的基数较高。因此，我们可获取 N_1 中（同样也在 V 上）的某点 x，这里 $\dim(x) \geqslant r$，所以 $\dim(V) = \dim(x) = r$。

该普通点 x 可被用于证明 $\mathfrak{B}$ 必定是 V 的一个片。由 **F4**，可使用与参数

化 N_1 相同的 r 个坐标对 x 在 V 中的邻域 N_2 进行非奇异参数化。由于 x 在 N_1 中，则必定存在 x 的一个较小邻域 N_3 被 N_1 和 N_2 包含。既然 N_3 是 x 在 V 中的一个邻域，且不包含 V 不在 $\mathfrak{B}$ 中的点，那么我们验证了成为片的条件 c。

现在假设一条解析路径加入了 x 到 V 的另一个点且总是在 V 中。在 x 附近，该路径必定位于 N_3 内且因此必定在一个有限的长度区间上位于 $\mathfrak{B}$ 内。但由于 $\mathfrak{B}$ 是解析的，所以这意味着这条路径不会离开 $\mathfrak{B}$。因此，$\mathfrak{B}$ 满足成为一个片的条件 b。并且，因为一个解析流形的任意两点可被一条解析弧（如连接它们的最短弧线）连接，这样我们拥有了条件 a 并证明了 $\mathfrak{B}$ 是 V 的一个片。

定理 6　若 $\mathfrak{B}$ 是某个闭解析流形在 E^n 中的一个解析嵌入，且同时是簇 V 的一个片，则 $\mathfrak{B}$ 是该流形的一个代数表征。

证明：设 r 是流形 $\mathfrak{B}$ 的维数。由片的定义可知：$\mathfrak{B}$ 上必定存在一个点 x，它拥有一个既不包含 V 中点也不包含 $\mathfrak{B}$ 中点的邻域。我们还要求 $\dim(x)$ 至少为 r。该证明性论据与我们证明定理 5 时在类似情况下所使用的证明性论据相同。

现在由 **F5** 可知，x 是 V 某个子簇 W 上的一个普通点。如 $\dim(x) \geqslant r$，$\dim(W) \geqslant r$ 所示，$\dim(W)$ 不能超过 r，因为如果超过了的话，W 在其普通点 x 将会有非常高的维数（见 **F4**），而无法与以上所描述的 x 在 V 中的邻域拟合。既然 W 是非奇异且在 x 的维数为 r，那它必定在 x 附近与 $\mathfrak{B}$ 一致。并且，因为 $\mathfrak{B}$ 是一个解析流形，则它必定完整地包含在 W 中。

考虑 $\mathfrak{B}$ 上所有单值实分析函数（E^n 坐标的代数函数）的环 $\mathfrak{R}$。由 **F6** 可知，任意 $(r+1)$ 个坐标函数必定满足 W 上（因而也是 $\mathfrak{B}$ 上）的某个非平凡多项式关系。由于 $\mathfrak{R}$ 中的其他函数代数地依赖于这些坐标函数，故这些其他函数中的任意$(r+1)$个也将满足 $\mathfrak{B}$ 上的某个非平凡多项式。

现在很容易证明环 $\mathfrak{R}$ 及该抽象解析流形($\mathfrak{B}$ 是其某个嵌入)将形成一个代数流形$(\mathfrak{M}, \mathfrak{R})$且 $\mathfrak{B}$ 将是该代数流形的某个表征。

定理 7 若两个代数流形作为微分流形是等价的，则它们作为代数流形也是等价的。

在给出定理 7 的实际证明之前，我们必须提及一些相关事实并建立一个小引理。将被提到的事实只是代数函数的几个基本属性，我们将简单地对它们进行判断，可通过参考代数函数或消去法的相关文献对它们进行验证。

若某个因变量是一个拥有 n 个自变量的代数函数，则该$(n+1)$个变量(自变量和因变量)将满足某个非平凡多项式关系。若干代数函数的和、差、积或商是一个代数函数；由包含一组自变量的一组代数函数形成的某个代数函数本身也是原始自变量的一个代数函数；一个代数函数的导数或偏导数是一个代数函数；最后，若 n 个变量 z_1，z_2，$\cdots$，z_n 代数地依赖于另外 n 个变量 x_1，x_2，$\cdots$，x_n 且存在某种逆函数关系，则逆函数 $x_i(z_1, z_2, \cdots, z_n)$ 是代数函数。关于代数函数的这些事实是我们在证明定理 7 时将要用到的。

我们在上面提及的小引理只是引理 1 的一个特例。回到引理 1 涉及的情形并重新考虑所给出的证明，不过现在需增加一个假设，即可选择嵌入函数 $y_i(\lambda)$ 使其成为代数函数。变换 $T: (z, \lambda) \rightarrow (x, \mu)$ 将是代数变换，因为它是由保留了原始嵌入函数代数特征的运算定义的。因此，逆函数 $\lambda(x, \mu)$ 将是代数函数且 $y(x) = y(\lambda(x, 0))$ 也将是代数函数。

这证明了我们需要的结论。用文字描述就是，若某个流形是被代数地嵌入的，则最近点函数 $y(x)$ 将是代数函数。也就是说，该向量函数 $y(x)$ 的每

个分量 $y_i(x_1, x_2, \cdots, x_n)$，将是向量 x 的分量 $x_1, x_2, \cdots, x_n$ 的一个代数函数。

定理 7 的证明：设 $(\mathfrak{M}_1, \mathfrak{R}_1)$ 和 $(\mathfrak{M}_2, \mathfrak{R}_2)$ 是这两个代数流形，并设 $\mathfrak{B}_1$ 和 $\mathfrak{B}_2$ 是这两个流形在 E^{n_1} 和 E^{n_2} 中的表征。由假设可知，$\mathfrak{B}_1$ 和 $\mathfrak{B}_2$ 微分同胚。设函数 $\alpha(z)$ 将 $\mathfrak{B}_2$ 映射到了 $\mathfrak{B}_1$，并设 α 在 $\mathfrak{B}_1$ 和 $\mathfrak{B}_2$ 之间建立起了一种双向微分同胚映射。这里，z 代表在 $\mathfrak{B}_2$ 上的 E^{n_2} 中的某点。将 $\alpha(z)$ 视为在 E^{n_1} 中取值的一个向量函数。

我们以其分量为 E^{n_2} 坐标多项式的某个函数 $\beta(z)$ 来近似函数 $\alpha(z)$ 开始。另外，β 的一阶导数将与 C^1 向量函数 $\alpha(z)$ 的一阶导数近似。

可用某种著名方法（例如，通过与高斯内核集成来平滑）构建分析向量函数来首先近似 α。第二步，通过被引理 2 覆盖且具有多项式系数的某个向量函数来近似该解析近似。

设 x 表示 E^{n_1} 中的一点。若 x 离 $\mathfrak{B}_1$ 足够近，则 $\mathfrak{B}_1$ 上离点 x 最近的点 $y(x)$ 将是 x 的一个解析函数。而且，$y(x)$ 将是 x 的一个代数函数。

若函数 β 是对 α 的一个足够好的近似，则对 $\mathfrak{B}_2$ 上的某点 z 而言，其图像 $\beta(z)$ 距 $\mathfrak{B}_1$ 将总是非常近。因此，我们可通过用 $\gamma(z) = y(\beta(z))$ 来定义一个新函数 γ，函数 $\gamma(z)$ 是为 $\mathfrak{B}_2$ 上的点定义的。现在看到，对原函数 α 应用同样的运算不会改变该函数，即 $y(\alpha(z)) = \alpha(z)$，因为 α 只是为 $\mathfrak{B}_2$ 上的点定义的并且将这些点映射到了 $\mathfrak{B}_1$ 上。因此，由于 β 近似于 α 且该新函数 γ 也近似于 α，这也就等同于说，$y(\beta)$ 近似于 $y(\alpha)$。

若我们选择 $\mathfrak{B}_1$ 和 $\mathfrak{B}_2$ 中的局部坐标系统，则我们可局部地定义 $\mathfrak{B}_2$ 到 $\mathfrak{B}_1$ 的一个 C^1 映射的雅可比行列式。由函数 α 定义的映射必定恒为非零。因此，若 γ 足够近似 α，则 γ 所定义映射的雅可比行列式也不会为零，这在 β 足够近

似 α 时也同样成立。这里我们的结论是：若 β 是对 α 一个足够好的近似，则 γ 将在 $\mathfrak{B}_1$ 和 $\mathfrak{B}_2$ 之间定义一个双向微分同胚映射。

因为 γ 是作为一个解析向量函数的解析向量函数获取的，所以 γ 实际上定义了一个解析同胚映射。并且因为相似的原因，γ 是代数的，即向量函数 $\gamma(z)$ 的分量是 z 的分量的代数函数。因此，γ 所定义的 $\mathfrak{B}_1$ 和 $\mathfrak{B}_2$ 之间的同胚映射，必定将其中一个嵌入流形上的代数函数带入另一个嵌入流形上的代数函数。

通过对 γ 的这些观察，能很容易地证明在 $\mathfrak{B}_1$ 上代数函数与 $\mathfrak{B}_2$ 上代数函数之间引入的对应定义了环 $\mathfrak{R}_1$ 和 $\mathfrak{R}_2$ 的某个同构（可被认为是 $\mathfrak{B}_1$ 和 $\mathfrak{B}_2$ 上的函数环）。因此，$(\mathfrak{M}_1，\mathfrak{R}_1)$ 和 $(\mathfrak{M}_2，\mathfrak{R}_2)$ 是等价的。

一些评述

本章中出现的概念和结论提出了因足够有趣而可能被提及的某些问题和猜想。

我们根据部分代数簇得到的流形表征结论或许可加以改善。假设一个实簇（real variety）恰好采取了没有奇点的紧致流形形式，那么我们将称之为该流形的某个纯表征。有可能成立的是：给定任意闭微分流形，存在形成该流形某个纯表征的一个簇。并且"我们的近似定理（定理 1）也应以一种与纯表征近似有关的更强形式成立"似乎是合理的。

"簇的片"（notion of sheet）这个概念也提出了一些问题。每个簇都只有有限数量的片吗？片总是闭集合吗？一个簇的每个点至少在它的其中一片上吗？在定义片时，条件 c 是多余的吗？

在尝试改进流形代数表征结论时，我们被引导到了考虑我们所说的有理流形。这个概念与我们的代数流形概念不同，该概念将一个有别于其他函数类的函数类视为有理类（而不是代数函数）。

我们将"实有理数流形"定义为闭解析流形 $\mathfrak{M}$ 与 $\mathfrak{M}$ 上某个函数域 $\mathfrak{F}$ 的组合 $(\mathfrak{M}, \mathfrak{F})$，以使：

1. 域 $\mathfrak{F}$ 中的每个函数均为 $\mathfrak{M}$ 上的一个实值亚纯函数。我们所说的"亚纯"是指这样一个函数：在 $\mathfrak{M}$ 上任意一点的邻域内，它可被表示为两个单值实解析函数的商。

2. $\mathfrak{M}$ 上存在一个由 $\mathfrak{F}$ 中的函数组成的基本集。

3. 若 $\mathfrak{M}$ 的维数为 n，则存在一个由 $\mathfrak{F}$ 中的 n 个函数组成的集合 S，使得 $\mathfrak{F}$ 中的每个函数均可被表示为 S 中函数的某个有理函数。

我们的猜想是：任意闭微分流形均可被变换为有理流形。若能得到证明的话，这将是一个非常强大的定理。例如，它能被用来确立我们稍早前提到的与纯表征近似有关的猜想。

若某个流形 $\mathfrak{M}$ 被变换为某个有理流形 $(\mathfrak{M}, \mathfrak{F})$ 并且若 $\mathfrak{M}$ 在某个欧几里得空间的嵌入 $\mathfrak{V}$ 是由取自 $\mathfrak{F}$ 的某个基本函数集定义，则 $\mathfrak{V}$ 将是一个有理簇（即双有理等价于一个投影空间的簇）的实数部分。

不幸的是，这一有理流形猜想的确立并不容易，如果假设它成立，则找到一个简单的反例就能推翻它，且支持这一猜想的证据并不多。

我们想要感谢斯廷洛德（N. E. Steenrod），他在促成本章的研究中提供了极为有用的建议。我们还要感谢斯宾塞（D. C. Spencer）与扎里斯基（O. Zariski）提供的有益建议和评论，以及在与其他人的交谈中收集到的信息。

参考文献

1. Hassler Whitney, *Differentiable Manifolds*, Ann. of Math., Vol. 37 (1936), pp. 645–80.
2. H. Seifert, *Algebraische Approximation von Mannigfaltigkeiten*, Math. Zeit., 41 (1936), pp. 1–17.
3. Oscar Zariski, *The Concept of a Simple Point of an Abstract Algebraic Variety*, Trans. Amer. Math. Soc., Vol. 62 (1947), pp. 1–52.
4. S. S. Cairns, *Normal Coordinates for Extremals Transversal to a Manifold*, Amer. J. of Math., Vol. 60 (1938), pp. 423–35.
5. H. Poincaré, *Analysis Situs*, Journal d l'Ecole Polytechnique, II Serie I, 1895.
6. Norman E. Steenrod, *The Topology of Fibre Bundles*, Princeton Mathematical Series, Vol. 14, Princeton University Press, Princeton, N.J., 1951.
7. André Weil, *Foundations of Algebraic Geometry*, Amer. Math. Soc. Colloquium Publications, Vol. 29, New York, N.Y., 1946.

第 11 章

The Essential John Nash

黎曼流形的嵌入问题

(1954 年 10 月 29 日收到，1955 年 8 月 20 日修订)

约翰 F. 纳什

引言及评述

历史。黎曼流形的抽象概念是数学态度演变的结果（见参考文献 1 和 2）。在早期，数学家更具体地考虑了代数簇和罗巴切夫斯基（Lobatchevsky）流形的三维空间表面。当更抽象的流形观点受到追捧时，便自然而然地提出了这样一个问题：抽象黎曼流形在多大程度上是比欧几里得空间子流形更一般的流形族？

对这个问题的考虑一直附加了各种特殊处理和条件。斯柯雷夫利（Schlaefli）（见参考文献 3）于 1873 年讨论了这一嵌入问题的局部形式。他猜想 n 维流形的一个邻域通常需要一个 $(n/2)(n+1)$ 维的嵌入空间。希尔伯特（Hilbert）（见参考文献 4）于 1901 年获得了一个负面结论，证明罗巴切夫斯基平面不可能是 E^3 中的一个光滑表面。一些当代的负定理要归功于汤普金斯（Tompkins）（见参考文献 5）和陈省身（Chern）、凯珀（Kuiper）（见参考文献 6）。例如，一个平滑的 n 维环形曲面不可能在低于 $2n$ 维的空间中实现。

珍妮特（Janet）（见参考文献 7）在 1926 年运用分析度量解决了二维流形的局部问题，嘉当（Cartan）（见参考文献 8）迅速将该结论扩展到了 n 维流形，并将它当作了法夫(Pfaffian)形式理论的一个应用。如斯柯雷夫利所猜想的那样，要求维数为$(n/2)(n+1)$。因为是度量张量的分量个数，故该值看上去是合理的。证明取决于幂级数设计，因此局限于局部结论并且要求该度量是解析的。

存在与无限维空间等距嵌入存在性有关的一些定理。这个问题要简单得多。

最近的一个发现(见参考文献 9 和 10)是：黎曼流形的 C^1 等距嵌入能在非常低维的空间中实现。初看起来，这些 C^1 结论中有些似乎与希尔伯特负定理等不相符。很显然，C^1 嵌入与更平滑的嵌入非常不同。

直到最近，仅有的与大规模嵌入有关的一般性结论因为韦尔(Weyl)问题而得到证明。这个问题是要在 E^3 中用无所不在的正高斯曲率实现所有二维流形。亚历山德罗夫(Alexandrov)(见参考文献 13)和波戈列洛夫(Pogorelov)(见参考文献 14)成功地运用了一种基于多面近似的几何学方法。卢伊(H. Lewy)(见参考文献 12)和尼伦伯格(L. Nirenberg)(见参考文献 15)从偏微分方程的角度处理了这个问题。这些结论可能需在微分方面予以加强，但在维数方面，这些结论无疑是最优的。

刚性理论关注的是嵌入的度量保持扰动。E^3 中的一个闭凸表面是刚性的，因为它仅允许微小扰动。但如果在它上面有个孔的话，它就变成了弹性的了。显然，当嵌入空间具有足够维数时，刚性便会完全消失。

本章安排。本章包括 A、B、C、D 四个主要部分。C 部分末尾完成了对紧致流形的处理并且对定理 2 做了描述。定理 2 在本质上就是：每个 n 维黎曼紧致流形均可实现为$(n/2)(3n+11)$维欧几里得空间中的一个子流形。通过一种将非紧致问题简化为紧致问题的方法，D 部分将该定理应用到了非紧致流形。这种方法对维数的要求过高。定理 3 在$(n/2)(n+1)(3n+11)$维空间实现了 n 维非紧致流形。

B 部分是本章的核心。该部分设计了一个扰动过程并将其应用在了构建某个嵌入的微小有限扰动，以至该受到扰动的嵌入引入了一种与原始嵌入所引入度量存在指定微小差别的度量。B 部分末尾以定理 1 的形式对这项工作做了总结。关于该扰动过程，一个有趣的地方是它似乎并非为这一嵌入问题所特有，它可能例证了适用于多种涉及偏微分方程问题的某种一般方法。

A 部分致力于构建 B 部分方法所需的且相当简单的一类平滑算子。式(11-A15)～式(11-A17)描述了该算子的主要属性。一般来讲，这四个部分的符号相对独立，每个部分仅依赖于前一部分的主要结果，而非细节。

评述。这里的结果有些需要改进的地方：应降低嵌入空间的维数边界；应考虑 C^2 这种情况；应证明"若度量是解析的，则该过程给出了一种解析嵌入"。对 C^2 以及分析例子的处理需要新的估计集。解决该问题的一种更统一的方法不会要求使用两个不同的嵌入函数集，因这可能大幅降低维数要求。

这里所用的方法可能比结论更富有成效。时间将会告诉我们，用与 B 部分应用的那些平滑和"反馈"方法类似的方法可以做多少工作。D 部分的方法提出了一种利用韦尔问题结论来嵌入一般二维流形的替代方案。

致谢。我要对费德勒(H. Federer)表示深深的谢意，针对这项研究的第一版混沌描述进行的大部分改进都要归功于他。莱文森(N. Levinson)也提供了非常有用的建议和信息；麻省理工学院的其他几位学者还以建设性批评的方式帮助我对本章进行了改进。此外，美国海军研究办公室为本章提供了部分资助。

A 部分：一般平滑算子

本部分设计了一种分析工具(平滑算子)，该工具对于 B 部分设计的扰动过程而言至关重要。构建算子的最初目的是作用于拥有 n 维变量的实函数(即

E^n 上的函数）。随后，通过将 $\mathfrak{M}$ 嵌入 E^n 并将 $\mathfrak{M}$ 上的标量函数扩展为 E^n 上的函数，我们定义了流形 $\mathfrak{M}$ 的一个平滑算子。最后，我们根据标量集为 $\mathfrak{M}$ 上的张量设计了一种最简洁的表示并将这种表示应用在了张量的平滑上。我们还获得了三个重要的、描述平滑对函数作用的一般不等式。

E^n 上的平滑函数

通过基于我们以下定义的某个内核 K_θ 的卷积方法，对拥有 n 维变量的实函数进行了平滑，这里 θ 是控制平滑度的一个参数。在定义其傅里叶变换 $\overline{K}_\theta$ 的过程中定义 K_θ。

设 $\psi(u)$ 是某个 C^∞ 函数，使

$$对 \ u \leqslant 1: \psi(u) = 1$$

$$对 \ 1 \leqslant u \leqslant 2: \psi(u) \ 单调递减$$

$$对 \ u \geqslant 2: \psi(u) = 0$$

举例来说，我们可在 $1 < u < 2$ 的范围内，取 $\psi = e^{e^{(1/1-u)}/u-2}$。

假设 x_1，x_2，$\cdots$，x_n 是 E^n 的坐标且 ξ_1，ξ_2，$\cdots$，ξ_n 是该傅里叶变换空间的对应坐标。我们将该内核的变换 K_θ 定义为

$$\overline{K}_\theta = \psi(\xi/\theta), \ 其中 \ \xi = (\xi_1^2 + \xi_2^2 + \cdots \xi_n^2)^{\frac{1}{2}} \tag{11-A1}$$

因此，$\overline{K}_\theta$ 是一个非负球面对称 C^∞ 函数，该函数在球面 $\xi = \theta$ 内取值为 1，在球面 $\xi = 2\theta$ 外取值为 0，并且在两个球面之间的环形区域随着 ξ 的平滑而递减。

K_θ 是 $\overline{K}_\theta$ 的变换，因此 K_θ 是球面对称的；因为 $\overline{K}_\theta$ 是平滑的，所以它是实的；因为 $\overline{K}_\theta$ 为零，所以除 $\xi < 2\theta$ 外，它是解析的；因为 K_θ 的所有导数均连续，所以 $|K_\theta|$ 与该距离的任意负幂一样迅速递减。

当 θ 变化时，K_θ 几乎集中在原点，而 K_θ 在整个 E^n 上的积分将始终不变。由于 θ 的变化仅以对应于变换空间规模变化的一种方式改变 $\overline{K}_\theta$，所以在

保持规范化的情况下，K_θ 将以一种类似的方式变化。特别地，我们可以通过以下方程将 K_θ 与 K_1（这里 $\theta=1$）关联起来。

$$K_\theta(x_1, x_2, \cdots, x_n) = \theta^n K_1(\theta x_1, \theta x_2, \cdots \theta x_n) \tag{11-A2}$$

卷积对导数的影响

卷积和微分在有利条件下交换：

$$\frac{\partial}{\partial x_i}(K_\theta * f) = \left(\frac{\partial}{\partial x_i} K_\theta\right) * f \tag{11-A3}$$

在我们应用该变换的过程中，f 将在某个紧致区域外为零。由于 K_θ（如我们以下所见，还包括其导数）从原点迅速递减，所以该有利条件将得到很好满足。

为了考虑 K_θ 的某个导数，注意到 $\partial K_\theta / \partial x_i$（我们将其缩写为 $K_{\theta,i}$）满足

$$\overline{K}_{\theta,i} = \xi_i(-1)^{\frac{1}{2}} \overline{K}_\theta$$

因此，变换 $K_{\theta,i}$ 是一个 C^∞ 函数且在球面 $\xi=2\theta$ 外为零。故 $|K_{\theta,i}|$ 以和 $|K_\theta|$ 同样的方式迅速递减，并且这对 K_θ 的更高阶导数也同样成立。

由式（11-A2）可知

$$K_{\theta,i}(x_1, x_2, \cdots, x_n) = \theta^{n+1} K_{1,i}(\theta x_1, \theta x_2, \cdots, \theta x_n)$$

所以可将式（11-A3）写为

$$(K_\theta * f) = \theta^{n+1} K_{1,i}(\theta x_1, \theta x_2, \cdots, \theta x_n) * f$$

$$= \theta^{n+1} \int \cdots \int K_{1,i}(\theta y_1, \cdots, \theta y_n) f(x_1 - y_1, \cdots, x_n - y_n) \mathrm{d}y_1 \cdots \mathrm{d}y_n$$

$$= \theta \int \cdots \int K_{1,i}(z_1, \cdots, z_n) f((x_1 - z_1/\theta), \cdots, (x_n - z_n/\theta)) \mathrm{d}z_1 \cdots \mathrm{d}z_n$$

这里我们考虑卷积的积分公式，设该内核携带虚变量 y_1，y_2，$\cdots$，y_n。接下来我们进行变量变换：$\theta y_i = z_i$。现在运用最后一个等式，我们有

$$| (K_\theta * f)_{,i} | \leqslant \theta(\max|f|) \int \cdots \int |K_{1,i}| \, \mathrm{d}z_1 \cdots \mathrm{d}z_n$$

$$\leqslant C\theta\max|f|$$

这里 C 是 $K_{1,i}$ 绝对值的积分。类似地，我们能获得 $K_\theta * f$ 更高阶导数大小的一个边界。每个这样的边界都会包含一个类似于 C 的常量，且 θ 是与该导数阶数相等的幂。可以认为一个更高阶数导数是一个较低阶数导数的导数，并且我们可在与 K_θ 卷积之前用低阶导数的最大值来限定它。举例来说，

$$(K_\theta * f)_{,ji} = (K_\theta * f_{,j})_{,i} = (K_{\theta,i} * f_{,j})$$

$$\therefore \; |(K_\theta * f)_{,ji}| \leqslant C\theta\max|f_{,j}|$$

如果我们不关注出现在这些估计中常量（如 C）的精确大小，则我们可将它们放在一个综合声明中。设 $\max^{(s)}$ 表示 f 在 E^n 所有点上的所有 s 阶导数绝对值的最大值。

那么一般地，我们有

$$\text{若 } r \geqslant s, \text{ 则 } \max^{(r)}(K_\theta * f) \leqslant C_{rs}\theta^{r-s}\max^{(s)}f \tag{11-A4}$$

这里 C_{rs} 将是一个独立于 f 的常量，且事实上仅依赖于 $r-s$。

θ 变化的影响

我们需要知道 $K_\theta * f$ 及其导数随 θ 变化的速度。当然，我们有

$$\frac{\partial}{\partial\theta}(K_\theta * f) = \frac{\partial K_\theta}{\partial\theta} * f$$

因为我们没有考虑 f 随 θ 的变化。如我们将在下面看到的那样，$\partial K_\theta / \partial\theta$ 也会是一个具有良好属性的内核。

我们可通过考虑式（11-A5）开始

$$\overline{\frac{\partial}{\partial\theta}K_\theta} = \frac{\partial}{\partial\theta}\overline{K}_\theta = \frac{\partial}{\partial\theta}[\psi(\xi/\theta)] = -\xi/\theta^2\,\psi'(\xi/\theta) \tag{11-A5}$$

$$= \theta^{-1}\chi(\xi/\theta)$$

这里我们引入了一个由 $\chi(u) = -u\psi'(u)$ 定义的新函数 χ。可以看到：$u \leqslant 1$ 或 $u \geqslant 2$ 时，$\chi(u) = 0$；$1 < u < 2$ 时，$\chi(u) > 0$。χ 同样为 C^∞，由此我们可知 $\partial K_\theta / \partial \theta$ 与 K_θ 有相同的一般解析属性，如在 ∞ 处很小等。

设 L 表示 $\partial K_\theta / \partial \theta$ 在 $\theta = 1$ 时的值。在式 (11-A2) 中，K_θ 被表示为了 $\theta^n K_1$ $(\theta x_1, \cdots)$，类似地，我们可用 L 来表示 $\partial K_\theta / \partial \theta$。唯一的区别是式 (11-A5) 中 θ^{-1} 的形式。因此有

$$\frac{\partial}{\partial \theta} K_\theta = \theta^{n-1} L(\theta x_1, \theta x_2, \cdots, \theta x_n) \tag{11-A6}$$

我们希望将 $L(x_1, x_2, \cdots, x_n)$ 表示为 n 个特殊函数 L_i 的和。我们通过 L 的变换 $\chi(\xi)$ 来实现这一点。因此有

$$\overline{L} = \chi(\xi) = \sum_i \overline{L}_i \tag{11-A7}$$

为了定义 $\overline{L}_i$，我们为每个变换变量 ξ_i 构建了一个非负 C^∞ 函数 α_i：

$$\text{若 } |\xi_i| \leqslant (2n)^{-\frac{1}{2}}, \text{ 则 } \alpha_i = 0$$

和

$$\text{若 } |\xi_i| > (2n)^{-\frac{1}{2}}, \text{ 则 } \alpha_i = e^{((2n)^{-\frac{1}{2}} - |\xi_i|)^{-1}}$$

可以看到：若 $\xi > (2)^{-\frac{1}{2}}$，则 $\xi_1^2 + \xi_2^2 + \cdots + \xi_n^2 > \dfrac{1}{2}$，且存在某个 $\xi_i > (2n)^{-\frac{1}{2}}$ 使某个 $\alpha_i > 0$。因此，$\alpha_1 + \alpha_2 + \cdots + \alpha_n$ 为正且 C^∞ 在区域 $1 \leqslant \xi \leqslant 2$，这里 $\chi(\xi)$ 不为零。因此，我们可以定义

$$\text{若 } \xi \geqslant 1, \text{ 则 } \overline{L}_i = \frac{\alpha_i}{\alpha_1 + \alpha_2 + \cdots + \alpha_n} \chi(\xi)$$

和

$$\text{若 } \xi < 1, \text{ 则 } \overline{L}_i = 0$$

这些函数将处处均为 C^∞ 且将满足式 (11-A7)。每个 $\overline{L}_i$ 均具有以下重要属性：

a. 若 $\xi \geqslant 2$，则 $\overline{L}_i = 0$。

b. 若 $|\xi| \leqslant (2n)^{-\frac{1}{2}}$，则 $\overline{L}_i = 0$。

对应内核 L_i 在无穷大等处将明显具有 K_θ 所具有的所有良好行为属性。并且有

$$\sum_i L_i = L = \left\{ \frac{\partial}{\partial \theta} K_\theta \text{ 在 } \theta = 1 \text{ 时的值} \right\}$$

内核 L_i 的用途

对每个 L_i 均采用这种方式构建，以至于当其中一个形成定积分 $\int_{-\infty}^{x_i} L_i \mathrm{d}x_i$ 时，结果仍然是一个其值在无穷大处很小的函数。通过变换 $\overline{L}_i$，我们可再次看到这种情况。设 $\overline{H}_i^r$ 表示由 L_i 发展出来的一系列内核中的第 r 个且其定义为

$$\overline{H}_i^r = \left(\xi_i (-1)^{\frac{1}{2}} \right)^{-r} \overline{L}_i$$

以上所强调的 $\overline{L}_i$ 的属性确保 $\overline{H}_i^r$ 将是 ξ_1，ξ_2，$\cdots$，ξ_n 的一个 C^∞ 函数，该函数在 $|\xi| \leqslant (2n)^{-\frac{1}{2}}$ 或 $|\xi| \geqslant 2$ 时取值为零。因此，内核 H_i^r 是从原点开始迅速递减的解析函数。

H_i^r 具有以下重要属性

$$\frac{\partial^r H_i^r}{\partial x_i^r} = L_i \quad \text{同样，} \quad H_i^{r+1} = \int_{-\infty}^{x_i} H_i^r \mathrm{d}x_i$$

因为

$$\int_{-\infty}^{\infty} H_i^r \mathrm{d}x_i = 0，\text{当 } \xi_i = 0 \text{ 时，} \overline{H}_i^r = 0$$

H_i^r 有助于我们根据与 f 导数大小有关的数据来估计 $\partial K_\theta / \partial \theta * f$ 的大小。由式(11-A6)可得

$$\frac{\partial}{\partial \theta} K_\theta * f = \left\{ \theta^{n-1} \sum_i L_i (\theta x_1, \cdots \theta x_n) \right\} * f(x_1, \cdots, x_n)$$

如我们在估计 $(K_\theta * f)_{,i}$ 时所做的那样，改变变量 $\theta x_i \rightarrow x_i$，可得

$$\partial K_\theta / \partial \theta * f = \theta^{-1} \left[\left\{ \sum_i L_i(x_1, \cdots, x_n) \right\} * f(x_1/\theta, \cdots, x_n/\theta) \right]$$

$$= \theta^{-1} \sum_i \left\{ L_i(x_1, \cdots, x_n) * f(x_1/\theta, \cdots, x_n/\theta) \right\}$$

$$= \theta^{-1} \sum_i \left\{ H_i^r(x_1, \cdots, x_n) * \frac{\partial^r}{\partial x_i^r} [f(x_1/\theta, \cdots, x_n/\theta)] \right\}$$

$$= \theta^{-1} \sum_i \left\{ H_i^r(x_1, \cdots, x_n) * \theta^{-r} \frac{\partial^r}{\partial (x_i/\theta)^r} f(x_1/\theta, \cdots, x_n/\theta) \right\}$$

$$= \theta^{-r-1} \sum_i \left\{ H_i^r * \frac{\partial^r}{\partial (x_i/\theta)^r} f(x_1/\theta, \cdots, x_n/\theta) \right\}$$

由上述一系列方程，我们可用 f 的第 r 阶导数来完整表示 $(\partial K_\theta / \partial \theta) * f$。当然，除非如我们假设的那样，$f$ 的第 r 阶导数是连续的，否则这些方程无效。它们会产生一个不等式

$$\left| \frac{\partial}{\partial \theta} K_\theta * f \right| \leqslant \theta^{-r-1} \max \left\{ \sum_i \left| \frac{\partial^r f}{\partial x_i^r} \right| \right\} \max_i \int \cdots \int |H_i^r| \, \mathrm{d}x_1 \cdots \mathrm{d}x_n$$

$$\leqslant C_r \theta^{-r-1} \max{}^{(r)} f$$

由于 $(\partial K_\theta / \partial \theta) * f$ 的导数和与 f 对应导数卷积后的 $(\partial K_\theta / \partial \theta)$ 相同，所以也有

$$\left| \left(\frac{\partial}{\partial \theta} K_\theta * f \right)_{,i} \right| \leqslant C_r \theta^{-r-1} \max{}^{(r)} (f, i)$$

$$\leqslant C_r \theta^{-r-1} \max{}^{(r+1)} f$$

将这一准则扩展，可得

$$\max{}^{(s)} \left[\frac{\partial}{\partial \theta} K_\theta * f \right] \leqslant C_r \theta^{-r-1} \max{}^{(r+s)} f$$

或

$$\leqslant C_{t-s} \theta^{s-t-1} \max{}^{(t)} f \qquad (11\text{-}A8)$$

如我们所证明的那样，上式仅在 $t \geqslant s$ 时有效。

实际上，如果针对负的 r 值使用了合适的常量 C_r，那么式(11-A8)在 $t < s$ 时也成立。我们不需要 L_i 来证明这一点。由式(11-A6)可得

$$\left(\frac{\partial}{\partial \theta} K_\theta \right) * f = \theta^{n-1} L(\theta x_1, \cdots, \theta x_n) * f(x_1, \cdots, x_n)$$

$$\therefore \quad \frac{\partial^r}{\partial x_i^r} \left[\frac{\partial}{\partial \theta} K_\theta * f \right] = \theta^{r+n-1} \frac{\partial^r}{\partial (\theta x_i)^r} L(\theta x_1, \cdots, \theta x_n) * f(x_1, \cdots, x_n)$$

施以变量变换 $\theta x_i \to x_i$，等式右边的项变为

$$\theta^{r-1} \frac{\partial^r}{\partial x_i^r} L(x_1, \cdots, x_n) * f(x_1/\theta, \cdots, x_n/\theta), \leqslant C_{-r} \theta^{r-1} \max|f|$$

用 $(\partial^s / \partial x_i^s) f$ 替换 f，我们可再次进行泛化，并且我们能处理混合偏导数。泛化结果将为

$$\max^{(s)} \left[\frac{\partial}{\partial \theta} K_\theta * f \right] \leqslant C_{-r} \theta^{r-1} \max^{s-r} f$$

上式对应于式(11-A8)，只不过用 $-r$ 替换了 r。因此，我们可知式(11-A8)在 r 为正或负或者 $s \leqslant t$ 或 $s > t$ 时成立。

流形的平滑

设流形 $\mathfrak{M}$ 具有很强的紧致性和分析性，以至于它在某个欧几里得空间 E^n 中拥有一个分析嵌入 $\mathfrak{R}$。我们可以在 E^n 中找到 $\mathfrak{R}$ 的某个邻域 N，使得：对于 $\mathfrak{R}$ 中的任意一点 x，均存在 $\mathfrak{R}$ 上的某个唯一一点 $y(x)$ 是 $\mathfrak{R}$ 上离 x 最近的点。此外，$y(x)$ 在整个 $\mathfrak{R}$ 内也可能是一个解析函数。$\ominus$

$\ominus$　参考文献 16 中的引理 1 证明了这样一个邻域 $\mathfrak{R}$ 的存在性。

现在设

$$\varphi(x) = \psi\left(\frac{x \text{ 与 } y(x) \text{ 间的距离}}{\varepsilon}\right)$$

式中，ψ 是在上述式 (11-A1) 之前定义的 C^∞ 函数，ε 是一个较小的常量。若假设 ε 足够小，则 $\varphi(x)$ 在整个 $\Re$ 内将是一个 C^∞ 函数，并将在 $\Re$ 边界附近的所有点上取值为零。同样假设：通过使 $\varphi(x)$ 在 $\Re$ 以外也为零可扩展其定义。那么，$\varphi(x)$ 处处均为 C^∞。

现在，若 $f(y)$ 是一个定义在 $\Re$ 上的函数，则我们可通过以下两式将 $f(x)$ 扩展至 E^n

$$f(x) = \varphi(x) f(y(x))\,,\; x \in \Re$$

和

$$f(x) = 0\,,\; x \notin \Re$$

这将 $f(y)$ 扩展至了与 $\Re$ 上的该原函数一致且具有相同可微性的某个函数 $f(x)$。

该平滑方法很简单。以将 $\Re$ 上的 $f(y)$ 扩展至 E^n 中的 $f(x)$ 开始；然后，$K_\theta * f(x)$ 表示平滑后的函数；最后（合乎逻辑形式的）一步是将 $K_\theta * f(x)$ 的定义限制在 $\Re$ 上，并再次获得仅在 $\Re$ 上定义的某个函数。但我们要做的不仅仅是提出 $\Re$ 上的该平滑定义，还需要知道它是如何对被平滑函数的导数等产生影响的。为此，我们需要以下概念。

导数的标准大小概念

E^n 上的该嵌入引入了 $\Re$ 上的某个分析度量。因此，我们能在 $\Re$ 上的每一点 p 建立一个内部最短弧线法线坐标系。尽管该坐标系不唯一，但其正交变换结果是唯一的。通过考虑 p 点的所有最短弧线法线坐标系，我们可度量某个函数的 r 阶导数大小。我们将 $\text{size}_p^{(r)} f$ 定义为：在所有这些坐标系中，与各坐标系坐标有关的 f 各 r 阶导数的最大绝对值。于是，我们称 $\mathrm{size}^{(r)} f$ 为 $\Re$ 上所有点 p 的最大 $_p^{(r)} f$ 值。

我们需要知道，对 $\Re$ 上某个函数 f 导数大小的度量 $\mathrm{size}^{(r)} f(y)$ 是如何与扩展至 E^n 的该函数导数大小的度量 $\mathrm{max}^{(r)} f(x)$ 相关联的。并且，如果 $f(y)$ 是通过限制在整个 E^n 上定义的某个函数的定义域获得的，则我们还需要知道内部导数的大小将如何与和 E^n 坐标有关的导数大小相关联。在第一种情况下，易知将存在以下形式的一般不等式

$$\mathrm{max}^{(r)} f(x) \leqslant \sum_{k=0}^{r} B_k^r \, \mathrm{size}^{(k)} f(y) \qquad (11\text{-}A9)$$

式中，系数是在 E^n 中嵌入 $\Re$ 时所决定的常量，并且函数 φ 被用于将仅在 $\Re$ 上定义的函数 $f(y)$ 扩展至在 E^n 上定义的函数 $f(x)$。

类似地，如果在 E^n 上定义的某个函数 $g(x)$ 是仅在 $\Re$ 上定义的某个函数 $[$如 $g(y)]$ 的特例，则存在某种变换，将与 E^n 坐标（$\mathrm{max}^{(r)}$）有关的导数边界转换为对这些导数大小的内部度量。这种变换具有以下形式：

$$\mathrm{size}^{(r)} g(y) \leqslant \sum_{k=0}^{r} D_k^r \, \mathrm{max}^{(k)} g(x) \qquad (11\text{-}A10)$$

实际上，除了在最简单的情况 $r=0$ 时有 $D_0^0 = 1$ 外，均有 $D_0^r = 0$。常量 D_s^r 仅依赖于 $\Re$ 嵌入。

流形平滑对导数的影响

我们现在要来了解函数对流形的平滑是如何对导数等产生影响的，并将这种影响与原函数及其导数关联起来。假设 $f(y)$ 是该原函数，则平滑结果为：

a. $f(y) \rightarrow f(x)$，通过扩展至 E^n；

b. $f(x) \rightarrow g(x) = K_\theta * f(x)$；

c. $g(x) \rightarrow g(y)$，通过限制在 $\mathfrak{M}$ 上。

我们认为 $g(y) = S_\theta f(y)$，所以 S_θ 在这里代表了整个平滑操作。

与 E^n 中的两个一般平滑不等式(11-A4)和式(11-A8)对应，我们获得了 $\mathfrak{R}$ 上的两个一般平滑不等式。例如，由与 $f(y)$ 有关的 $\mathrm{size}^{(r)}$ 数据，式(11-A9)给出了 $\max^{(r)} f(x)$ 的边界；然后，由与 $f(x)$ 有关的该数据，式(11-A4)给出了 $g(x)$ 的 $\max^{(r)}$ 数据；最后，由该 $\max^{(r)} g(x)$ 数据，式(11-A10)给出了 $g(y)$ 的 $\mathrm{size}^{(r)}$ 数据。根据 $\mathrm{size}^{(s)} f(y)$，$\mathrm{size}^{(s-1)} f(y)$，$\cdots$，$\mathrm{size}^{(0)} f(y)$，该结果是与 $\mathrm{size}^{(r)} g(y)$ 有关的一个边界。如果我们用 $S_\theta f$ 代替 $g(y)$，用 f 代替 $f(y)$，并且如果我们通过利用所包含的最大常量来弱化该边界的形式，则我们可得到形如下式的一个边界

$$\mathrm{size}^{(r)}[S_\theta f] \leqslant H_{rs}\theta^{r-s}\sum_{t=0}^{s}\mathrm{size}^{(t)} f, \text{ 对 } \theta \geqslant 1, r \geqslant s \qquad (11\text{-}A11)$$

这与我们由式(11-A8)获得的结果非常类似：

$$\mathrm{size}^{(r)}\left[\frac{\partial}{\partial \theta}S_\theta f\right] \leqslant J_{rs}\theta^{r-s-1}\sum_{t=0}^{s}\mathrm{size}^{(t)} f, \theta \geqslant 1 \qquad (11\text{-}A12)$$

我们使用了限制条件 $\theta \geqslant 1$，以使我们能通过两个不等式中的 θ^{r-s} 和 θ^{r-s-1} 来优化 θ 的较低次幂。H_{rs} 和 J_{rs} 仅取决于 $\mathfrak{R}$ 嵌入和 φ。

张量平滑

这里第一步是以与在整个 $\mathfrak{R}$ 上定义的一组标量函数有关的某种标准化(非张量)形式来表示每个张量。这相当于用 $\mathfrak{R}$ 上的某个特定冗余坐标系来获得一个没有奇点的坐标系。设 x^1，x^2，$\cdots$，x^n 是 E^n 上的坐标，u^1，$\cdots u^2$，$\cdots$，u^v 是 $\mathfrak{R}$ 内的任意局部坐标系，例如，在定义 $\mathrm{size}^{(r)}$ 概念时所用的最短弧线法线坐标系族中的一个。

该嵌入定义了一个变换

$$(u^1, \cdots, u^2, \cdots, u^v) \rightarrow (x^1, x^2, \cdots, x^n) \qquad (11\text{-}A13)$$

且最近点函数 $y(x)$ 定义了邻域 $\Re$ 内的一个变换 $x \rightarrow y(x)$，这给出了一个坐标变换

$$(x^1, x^2, \cdots, x^n) \rightarrow (u^1, \cdots u^2, \cdots, u^v) \tag{11-A14}$$

两个变换都是解析的且它们按任意顺序的组合都具有 $\Re$ 上的同一性。

现在假设 $T_{\gamma\delta\cdots}^{\alpha\beta\cdots}$ 是 $\Re$ 上以 $u^1, u^2, \cdots, u^v$ 为参考坐标的一个张量。然后我们用求和约定操作以及由式（11-A14）获取的 $\partial x^i / \partial u^a$ 等定义

$$\mathfrak{T}_{kl\cdots}^{ij\cdots} = T_{\gamma\delta\cdots}^{\alpha\beta\cdots} \frac{\partial x^i}{\partial u^a} \frac{\partial x^j}{\partial u^\beta} \cdots \frac{\partial u^r}{\partial x^k} \frac{\partial u^\delta}{\partial x^l} \cdots$$

该定义具有正确的不变性属性，因此 $\mathfrak{T}_{kl\cdots}^{ij\cdots}$ 在 $\Re$ 上是全局定义的，且完全独立于坐标 $u^1, u^2, \cdots, u^v$，尽管它是通过 $u^1, u^2, \cdots, u^v$ 得到的。

因为式（11-A13）和式（11-A14）的组合具有同一性，所以容易知道逆变换

$$T_{\gamma\delta\cdots}^{\alpha\beta\cdots} = \mathfrak{T}_{kl\cdots}^{ij\cdots} \frac{\partial u^a}{\partial x^i} \frac{\partial u^\beta}{\partial x^j} \cdots \frac{\partial x^k}{\partial u^\gamma} \frac{\partial x^l}{\partial u^\delta} \cdots$$

由标准化形式 $\mathfrak{T}_{kl\cdots}^{ij\cdots}$ 再次生成了该原始张量。

张量平滑操作由三步组成：①变换到标准化形式；②通过 S_θ 对该标准化形式的每个分量进行平滑；③通过该逆变换将该结果转换为 $\Re$ 上的某个张量。

张量的导数大小概念

如果 T 是一个张量，则我们考虑之前定义的标准局部坐标系，并且考虑 T 的各分量在每个坐标系原点的所有 r 阶导数，这些导数绝对值的最大值就是 T 的局部 $\mathrm{size}^{(r)}$。然后，所有坐标系上这一局部 $\mathrm{size}^{(r)}$ 的最大值就是 $\mathrm{size}^{(r)} T$。

与张量向标准化形式变换以及该逆变换关联的是，在 T 的分量上将存在 $\mathrm{size}^{(r)} T$ 度量到 $\mathrm{size}^{(r)}$ 度量的变换。这些变换将为我们给出了非常类似于式（11-A9）和式（11-A10）的不等式。通过结合这些不等式（我们不用费心将它们写出来）与式（11-A11）和式（11-A12）来估计 S_θ 对 T 的影响，我们可通过过程 $T \rightarrow T \rightarrow$

$S_\theta T \rightarrow S_\theta T$（$S_\theta T$ 的定义）来获得张量平滑的类似边界。这些边界是

$$\text{size}^{(r)}(S_\theta T) \leqslant L_{rs}\theta^{r-s} \sum_{t=0}^{s} \text{size}^{(t)} T, \ r \geqslant s, \ \theta \geqslant 1 \qquad (11\text{-}A15)$$

和

$$\text{size}^{(r)}\left[\left(\frac{\partial}{\partial\theta}S_\theta\right)T\right] \leqslant M_{rs}\theta^{r-s-1} \sum_{t=0}^{s} \text{size}^{(t)} T, \ \theta \geqslant 1 \qquad (11\text{-}A16)$$

注意，该张量平滑过程保留了一个张量可能具有的某些简单属性，如对称性或反对称性等。

结束语

$\text{size}^{(r)}$ 的概念适合于与函数或张量的和、差或积相关的常规估计。例如，

$$\text{size}^{(1)}(fg) \leqslant (\text{size}^{(0)} f)(\text{size}^{(1)} g) + (\text{size}^{(1)} f)(\text{size}^{(0)} g)$$

$$\text{size}^{(0)}(T_i^j S_j^k) \leqslant v \, \text{size}^{(0)}(T_i^j) \text{size}^{(0)}(S_j^k)$$

我们在第二个估计中援引了求和约定，并且 v 应是 $\Re$ 的维数。这些评述是为 B 部分频繁使用此类基本估计做准备，在 B 部分中，我们不会在使用实例时特别提及它们的这些 $\text{size}^{(r)}$ 属性。

参考 S_θ 行为的另一个一般边界，可由式(11-A15)和式(11-A16)推导得到。该边界是

$$\text{size}^{(r)}(T - S_\theta T) \leqslant N_{rs}\theta^{r-s} \sum_{t=0}^{s} \text{size}^{(t)} T, \ s \geqslant r, \ \theta \geqslant 1 \qquad (11\text{-}A17)$$

在 $s=r$ 的情况下，这显然可由式(11-A15)推导而来。如果 $r>s$，我们使用

$$T - S_{\theta_1} T = \int_{\theta_1}^{\infty} \left(\frac{\partial}{\partial\theta}S_\theta\right)T \mathrm{d}\theta$$

并应用式(11-A16)。

我们对 S_θ 近乎详尽的设计可为我们提供一个平滑算子，式(11-A15)～式(11-A17)将适用该算子。无须考虑该定义便可获得一个较弱的边界集。对

式(11-A17)而言，θ^{r-s} 可能会被 $\theta^{\max(r-s,-2)}$ 代替，且式(11-A15)将可能不会被弱化。

对 S_θ 之类的算子存在一种非常好的启发式解释。它是一个无衰减通过 θ 以下所有频率的低通滤波器，它完全隔断了 2θ 以上的频率。在 θ 和 2θ 之间存在某种可变衰减，随着频率的增加而下降，因此对所有频率而言，可用频率的某个 C^∞ 函数来描述该滤波器的特征。

B 部分：度量扰动定理

扰动方法

本章这一部分详细阐述的扰动过程是基于寻找无限小的流形嵌入变化的某种方法，这种方法将影响由该嵌入导致的某个特定的无限小度量变化。A 部分的平滑算子 S_θ 被用于与这种"扰动方法"建立联系。

设 $\mathfrak{M}$ 是平滑地嵌入在 E^m 中的某个 n 维紧致流形。设 E^m 的笛卡尔坐标为 z_1，z_2，$\cdots$，z_m。以 $\mathfrak{M}$ 中的一组局部坐标 x_1，x_2，$\cdots$，x_n 为参考，该嵌入引入的度量张量为

$$g_{ij} = \sum_\alpha \frac{\partial z_\alpha}{\partial x_i} \frac{\partial z_\alpha}{\partial x_j} \qquad (11\text{-B1})$$

我们可将该嵌入所产生的扰动视为变化率（可用某个参数的变化来度量）。尽管该参数并未被指定，但我们可通过在其上加一点的方式来表示任意量的变化率。因此有

$$\dot{g}_{ij} = \sum_\alpha \frac{\partial z_\alpha}{\partial x_i} \frac{\partial \dot{z}_\alpha}{\partial x_j} + \sum_\alpha \frac{\partial \dot{z}_\alpha}{\partial x_i} \frac{\partial z_\alpha}{\partial x_j} \qquad (11\text{-B2})$$

该式由式(11-B1)推导而来。

我们需要一种方法，通过该方法，我们能在指定 $\{g_{ij}\}$ 的情况下确定满足式(11-B2)的 $\{\dot{z}_\alpha\}$。通过添加该嵌入变化率 $\{\dot{z}_\alpha\}$ 须满足的另一个条件，我们可使这个问题更容易解决。该条件是

$$\sum_\alpha \frac{\partial z_\alpha}{\partial x_i} \dot{z}_\alpha = 0，对所有 i \tag{11-B3}$$

该式要求扰动 $\{\dot{z}_\alpha\}$ 对该嵌入而言必须是正常的。

考虑对式(11-B3)中 x_j 的微分结果：

$$\sum_\alpha \frac{\partial z_\alpha}{\partial x_i} \frac{\partial \dot{z}_\alpha}{\partial x_j} = -\sum_\alpha \frac{\partial^2 z_\alpha}{\partial x_j \partial x_i} \dot{z}_\alpha \tag{11-B4}$$

式(11-B2)中等号右边第一项和第二项关于 i 和 j 是对称的(因为该嵌入会是相当平滑的)。因此，我们可用式(11-B4)来改造式(11-B2)，并得到

$$\dot{g}_{ij} = -2\sum_\alpha \frac{\partial^2 z_\alpha}{\partial x_j \partial x_i} \dot{z}_\alpha \tag{11-B5}$$

这就是在式(11-B3)成立时，为了影响度量扰动 $\{\dot{g}_{ij}\}$，扰动 $\{\dot{z}_\alpha\}$ 应满足的条件。

现在，我们拥有一类更为简单的将 $\{\dot{g}_{ij}\}$ 与 $\{\dot{z}_\alpha\}$ 关联起来的必要条件。式(11-B3)和式(11-B5)共同形成了 $\dot{z}_\alpha$ 须满足的一个线性方程组，而之前我们得到了该 $\dot{z}_\alpha$ 中的偏微分方程。

在指定 $\{\dot{g}_{ij}\}$ 后，我们要怎样以及何时才能求解式(11-B3)～式(11-B5)中的 $\{\dot{z}_\alpha\}$ 呢？变量 $\dot{z}_\alpha$ 的个数 m 应至少与线性方程组的方程个数 $\left(\frac{1}{2}n^2 + 1\frac{1}{2}n\right)$ 一样大，同时考虑 i 和 j 的对称性。为了确保这些方程在 $\mathfrak{M}$ 的某些点上是非奇异的，m 可能必须大于 $\frac{1}{2}n^2 + 1\frac{1}{2}n$。因此，这些方程很可能是欠定的。

在 C 部分，我们构建了 $\mathfrak{M}$ 的某个嵌入，以使式(11-B3)～式(11-B5)完全非奇异。在 B 部分的此处，我们假设该嵌入具有这一属性，并以此为条件简单地得出我们的结论。

在这些方程欠定的情况下，我们必须找到一种办法来平滑地选择一个特解 $\{\dot{z}_\alpha\}$。一个非常简单的必要条件是，

$$\sum_\alpha (\dot{z}_\alpha)^2 = \text{minimum}，须满足式（11-B3）\sim 式（11-B5） \qquad （11-B6）$$

以令人满意的方式选择某个特解。$\{\dot{z}_\alpha\}$将拥有与$\{\dot{g}_{ij}\}$相同的微分性。

对式（11-B6）结果的几何学解释是：它选择了离式（11-B3）～式（11-B5）的$\{\dot{z}_\alpha\}$解平面原点最近的点。我们还可从一种更形式化的角度来研究式（11-B6）的结果。式（11-B3）～式（11-B5）具有如下形式：

a.
$$\sum_{\alpha=1}^m C_{\mu\alpha} \dot{z}_\alpha = \varphi_\mu$$

若我们假设存在如下形式的一个解

b.
$$\dot{z}_\alpha = \sum_{v=1}^{v=\frac{1}{2}n^2+1\frac{1}{2}n} C_{v\alpha} \mathrm{d}_v$$

那么$\mathrm{d}v's$必定满足

c.
$$\sum_{\alpha,v} C_{\mu\alpha} C_{v\alpha} \mathrm{d}_v = \varphi_\mu$$

设

d.
$$E_{\mu v} = \sum_\alpha C_{\mu\alpha} C_{v\alpha}$$

则 c 变为

e.
$$\sum_v E_{\mu v} \mathrm{d}_v = \varphi_\mu$$

若矩阵行列式$\| E_{\mu v} \|$非零，则最后一个式 e 将是非奇异的。然而，这是矩阵$\| C_{\mu\alpha} \|$的格莱姆行列式并且它不可能为零，除非$\| C_{\mu\alpha} \|$的秩比最大秩$\left(\frac{1}{2}n^2+1\frac{1}{2}n\right)$小。因为，我们将假设式（11-B3）～式（11-B5）浓缩表示的式 a 是非奇异的，所以我们可知秩$\| C_{\mu\alpha} \| = \frac{1}{2}n^2 + 1\frac{1}{2}n$。所以式 e 是非奇异的。

因为式 e 是非欠定的，所以它具有以下形式的解

  f. $d_v = \| E_{\mu v} \|^{-1} \cdot \{\varphi_\mu\}$

现在，我们可用式 b 来表示式 a 或者式（10-B3）～式（10-B5）具有以下形式的某个特解 $\{\dot{z}_\alpha^*\}$

  g. $\{\dot{z}_\alpha^*\} = \| C_{v\alpha} \| \cdot \| E_{\mu v} \|^{-1} \cdot \{\varphi_\mu\}$

式 a 的该特解恰好是使 $\sum_\alpha (\dot{z}_\alpha)^2$ 取最小值的那个解。假设 $\{\dot{z}_\alpha\}$ 是式 a 的任意其他解，那么

  h. $\sum_\alpha C_{\mu\alpha} (\dot{z}_\alpha - \dot{z}_\alpha^*) = 0$

我们可以写成

  i. $\sum_\alpha (\dot{z}_\alpha)^2 - \sum_\alpha (\dot{z}_\alpha^*)^2 = \sum_\alpha (\dot{z}_\alpha - \dot{z}_\alpha^*)^2 + 2\sum_\alpha \dot{z}_\alpha^* (\dot{z}_\alpha - \dot{z}_\alpha^*)$

并且最后一项为 0，因为

  j. $2\sum_\alpha \dot{z}_\alpha^* (\dot{z}_\alpha - \dot{z}_\alpha^*) = 2\sum_\alpha \Big[\sum_v d_v C_{v\alpha}\Big] (\dot{z}_\alpha - \dot{z}_\alpha^*)$

        $= 2\sum_v d_v \sum_\alpha C_{v\alpha} (\dot{z}_\alpha - \dot{z}_\alpha^*) = 2\sum d_v \cdot 0 = 0$

这里，式 b 被用来表示 $\dot{z}_\alpha^*$。

  既然式 i 的最后一项为 0，那么可知该等式右边为正且 $\sum_\alpha (\dot{z}_\alpha)^2 > \sum_\alpha (\dot{z}_\alpha^*)$。因此，式 g 所给出的式（10-B3）～式（10-B5）特解与式（10-B6）所选择的特解相同。这表明，只要式（10-B3）～式（10-B5）仍然是非奇异的，那么式（10-B6）就确定了一个解（即一个具有良好行为的 $\{\dot{g}_{ij}\}$ 函数）以及嵌入函数的导数。

  由式（11-B6）或式 g 等价确定的式（11-B3）～式（11-B5）特解具有以下形式的对 $\{\dot{g}_{ij}\}$ 的线性依赖性以及对嵌入导数的解析依赖性：

$$\dot{z}_\alpha = \sum_{i \leqslant j} \dot{g}_{ij} F_{\alpha ij} \left(\left\{ \frac{\partial z}{\partial x_k} \right\}, \left\{ \frac{\partial^2 z}{\partial x_k \partial x_l} \right\} \right) \tag{11-B7}$$

$\{\dot{g}_{ij}\}$ 在式 g 中是由 $\{\varphi_\mu\}$ 表示的，因此这表明 $\{\dot{z}_\alpha^*\}$ 线性地依赖于 $\{\dot{g}_{ij}\}$。只

要这些嵌入函数使式(11-B3)～式(11-B5)是非奇异的，则 F_{aij} 就是嵌入函数一阶和二阶导数的分析函数。

概括地讲，式(11-B7)指出了该方程组解的形式和行为：

$$\sum_\alpha \frac{\partial z_\alpha}{\partial x_i} \dot{z}_\alpha = 0 \tag{11-B8a}$$

$$-2\sum_\alpha \frac{\partial^2 z_\alpha}{\partial x_i \partial x_j} \dot{z}_\alpha = \dot{g}_{ij} \tag{11-B8b}$$

$$\sum_\alpha (\dot{z}_\alpha)^2 = \text{minimum}，须满足式 a 和式 b \tag{11-B8c}$$

该解是某个嵌入扰动率 $\{\dot{z}_\alpha\}$，该扰动率导致了该嵌入所引入的度量变化率 $\{\dot{g}_{ij}\}$，我们将这种确定某个扰动率 $\{\dot{z}_\alpha\}$ 的方法称为"扰动方法"。

符号约定

以下工作几乎完全是在处理一个分析问题，因此需要一种不同的（浓缩）符号。我们一般会降低坐标索引。因此

$$\{z_\alpha\} 变成 z，\{\dot{z}_\alpha\} 变成 \dot{z}，\left\{\frac{\partial z_\alpha}{\partial x_i}\right\} 变成 z'，\left\{\frac{\partial^2 z_\alpha}{\partial x_i \partial x_j}\right\} 变成 z'' 等$$

现在，我们将式(11-B7)写为

$$\dot{z} = F(z', z'') \boxtimes \dot{g} \tag{11-B9}$$

$\boxtimes$ 表示在 F 和 $\dot{g}$ 之间起作用的（收缩）张量积。式(11-B9)是以下方程的解

a.　　　　$z' \circ \dot{z} = 0$

b.　　$-2z'' \circ \dot{z} = \dot{g}$

c.　　　　　$|\dot{z}| = \text{minimum}$，须满足式 a 和式 b　　　(11-B10)

式中，$\circ$ 表示数量积，即对 E^m 上的指标 α 求和。同样，我们有

$$\dot{g} = 2z' \otimes \dot{z}' \tag{11-B11}$$

作为式(11-B2)的一个修改后缩写，这里 $\otimes$ 是一个伴随有某个求和（用 $\circ$ ）的对

称向量积。

我们将处理与函数及导数大小有关的许多不等式。一般地，这些不等式将受到参数 θ 的约束，该参数控制了平滑算子（见 A 部分）。θ 的作用将是双重的：一是作为平滑参数；二是作为本过程参数。符号上的点表示 $\partial/\partial\theta$，即 $\dot{z}=\partial z/\partial\theta$。本过程将从 θ 的某个特定值 θ_0 开始，并以 $\theta=\infty$ 结束。

我们用于表示函数及其导数大小边界的标准符号可通过以下解释来说明：

$$T \lesssim K\left[\theta\,\middle|\,{}_{2,4}^{-1,2}\right]$$

表示与张量 T 及其导数有关的一个完整边界系统，T（将 T 视为随 θ 变化）的导数是根据 A 部分的 $\text{size}^{(r)}$ 概念进行度量的，这些导数为

$$\text{size}^{(0)}\,T \lesssim K\theta^{-1}$$

$$\text{size}^{(1)}\,T \lesssim K\theta^{-1}$$

$$\text{size}^{(2)}\,T \lesssim K\theta^{-1}$$

$$\text{size}^{(3)}\,T \lesssim K$$

$$\text{size}^{(4)}\,T \lesssim K\theta$$

$$\text{size}^{(5)}\,T \lesssim K\theta^2$$

一般地，若该符号为 $\left[\theta\,\middle|\,{}_{r,s}^{p,q}\right]$，这里 r 和 s 均为整数，且 $0\leqslant r\leqslant s$，$p\leqslant q$，则对 $\text{size}^{(0)}$，$\text{size}^{(1)}$，$\cdots$，$\text{size}^{(r)}$ 而言，θ 的幂为 p。那么，从 $\text{size}^{(r)}$ 到 $\text{size}^{(s)}$，该幂以等差级数递增，且对应于 $\text{size}^{(s)}$ 的该幂为 θ^q。如解释中所说明的那样，对微分阶数的每次增加而言，该幂几乎总是递增一个单位。换句话说，通常我们有 $q-p=s-r$，且 q 和 p 也为整数。

很多时候，我们可将 $\left[\theta\,\middle|\,{}_{r,s}^{p,q}\right]$ 缩写为 $\left[{}_{r,s}^{p,q}\right]$ 且清楚其中包含了 θ。同样，我们将 $\left[{}_{3,3}^{0,0}\right]$ 之类的缩写为 $\left[{}_{3}^{0}\right]$。

扰动过程

如以上所评述的那样，除了使用扰动方法和平滑算子外，该过程还使用

了"反馈"。

定义该过程的方程如下所列：

$$\zeta = S_\theta z \tag{11-B12}$$

$$\dot{z} = F(\zeta', \zeta'') \boxtimes M \tag{11-B13}$$

$$E = M - \dot{g} = 2(\zeta - z)' \otimes \dot{z}' （等价性如下所示） \tag{11-B14}$$

$u(p) = $ 某个特殊的 C^∞ 函数，处处非递减且在 $0 \leqslant p \leqslant 1$ 时单调递增 $\quad$ (11-B15)

此外，$p \leqslant 0$ 时，$u(p) = 0$；$p \geqslant 1$ 时，$u(p) = 1$。

具体地说，即考虑 $u(p) = \psi(2-p)$，这里 ψ 是 A 部分的特殊函数。

$$L(\theta) = \int_{\theta_0}^{\theta} E(\bar{\theta}) u(\theta - \bar{\theta}) \mathrm{d}\bar{\theta} \tag{11-B16}$$

$\qquad G = $ 该度量张量（一个对称的协变张量）的预期总变化 $\qquad$ (11-B17)

a. $\int_{\theta_0}^{\theta} M(\bar{\theta}) \mathrm{d}\bar{\theta} = u(\theta - \theta_0) S_\theta G + S_\theta L(\theta)$，或 $\qquad$ (11-B18)

b. $M = \dot{u}(\theta - \theta_0) S_\theta G + u(\theta - \theta_0) \dot{S}_\theta G + \dot{S}_\theta L + S_\theta \dot{L}$，或

c. $M = \dot{u}(\theta - \theta_0) S_\theta G + u(\theta - \theta_0) \dot{S}_\theta G + \dot{S}_\theta L + S_\theta \int_{\theta_0}^{\theta} E(\bar{\theta}) \dot{u}(\theta - \bar{\theta}) \mathrm{d}\bar{\theta}$

对量和方程的解释

每个量都有其解释，不过我们的解释似乎对许多其他解释没有启发性。ζ 是该嵌入的某个平滑近似，M 是"预期"度量变化率。因为该嵌入扰动的实际变化率 $\dot{z}$ 是由某个公式[类似于式(11-B9)，但用 ζ 替代了 z]计算得到的，所以我们不能预期度量的实际变化率 $\dot{g}$ 会与 M 相同。如果在该嵌入函数中用 ζ 替代 z，则 $\dot{g}$ 将为 M。也就是说，只要 ζ 表示该嵌入，则式(11-B13)就给出了实现度量变化 M 的正确嵌入扰动率。这表明

$$M = 2\zeta' \otimes \dot{z}' \tag{11-B19}$$

E 是误差率或预期度量变化率相对于实际变化率的超过量，因此 $E = M - \dot{g}$。因为我们有式（11-B11）

$$\dot{g} = 2z' \otimes \dot{z}'$$

所以我们可从式（11-B19）中去掉这一部分来得到 E 的另外一个公式

$$E = 2(\zeta - z)' \otimes \dot{z}'$$

该公式是估计 E 的大小较为有用的一个。

L 表示累计误差，尽管它不是总的累计误差，但它包含了所发生的所有不超过 $\theta - 1$ 的误差。而在 $\theta - 1$ 和 θ 之间，它只包含了部分误差。实际上，包含在 L 中的误差具有滞后性，这种效应是通过式（11-B16）中的加权函数 $u(\theta - \bar{\theta})$ 实现的。尽管并不需要如此详细地来定义 L（L 可能表示总误差），但更详细定义的好处在于：它最终会使我们认为"一组非常驯服的积分方程控制了该扰动过程"变得更容易。$\dot{L}$ 拥有简单的积分表示

$$\dot{L} = \int_{\theta_0}^{\theta} E(\bar{\theta}) \dot{u}(\theta - \bar{\theta}) \, \mathrm{d}\bar{\theta}$$

如果 L 是总误差，则 $\dot{L}$ 将为 E。那么，M 似乎是由 E 定义的，而 E 又是由 M 定义的。我们避免了这种复杂性出现在我们所用的定义中。

对 M 的定义是基于"输入原则"，先是预期度量修正的平滑部分，同时将粗糙部分留待后续处理。参考式（11-B18a），我们可认为 $\int_{\theta_0}^{\theta} M$ 是该扰动过程从 θ_0 开始到 θ 当前状态的总"预期"度量变化，这相当于 $S_{\theta}L + u(\theta - \theta_0)S_{\theta}G$。因此，它是 L 的平滑部分加上经系数 $u(\theta - \theta_0)$ 加权后 G 的平滑部分。在该公式中，将 $u(\theta - \theta_0)$ 附于 $S_{\theta}G$ 的原因很简单，因为当 $\theta = \theta_0$ 时，式（11-B18a）两边应为 0。在该扰动过程开始时，可认为 G 的有限部分 $S_{\theta}G$ 足够平滑而将其"输入"。但必须是逐步将其输入，因此我们利用 $u(\theta - \theta_0)$ 来逐步开始该扰动过程。当 $\theta \geqslant \theta_0 + 1$ 时，该因子 $u(\theta - \theta_0)$ 恰好为 +1 且无关紧要。

我们可以看到，应如何在该过程收敛的情况下解决这些定义。该过程在其起点 θ_0 到 $\theta \to \infty$ 时的极限之间实现的总度量变化将是 $\int_{\theta_0}^{\infty} \dot{g} \, d\theta$。由式(11-B14)有，

$$\dot{g} = M - E \qquad (11\text{-B20})$$

因此

$$\begin{aligned}
\int_{\theta_0}^{\infty} \dot{g} \, d\theta &= \int_{\theta_0}^{\infty} M - \int_{\theta_0}^{\infty} E \\
&= \dot{u}(\infty) S_{\infty} G + S_{\infty} L(\infty) - \int_{\theta_0}^{\infty} E \qquad (11\text{-B21}) \\
&= G + L(\infty) - L(\infty) \\
&= G
\end{aligned}$$

为了用 $L(\infty)$ 表示 $\int_{\theta_0}^{\infty} E$，需要假设：当 $0 \to \infty$ 时，$E \to 0$。式(11-B21)验证了我们对"反馈"过程的一般设计，当然我们的主要任务是证明收敛性。这些用来帮助理解的注释不应被认为是证明的一部分，尽管如此，我们仍将利用式(11-B14)中两个公式的等价性。

为了证明该过程有效，首先，我们推导出了一组与所涉量有关的适当先验边界，若定义该过程的方程组拥有一个取决于某个 θ 值(θ_1)的解，则这些先验边界将得到满足；其次，我们证明了一个与该方程组的解有关的局部连续性定理。将这些边界与该局部连续性定理结合起来可知，θ 取所有值时解的存在性和唯一性，但我们假设 G 足够小且在获得这一结果的过程中选择了恰当的 θ_0。

估计值

由于每个函数的大小往往都依赖于其他函数的大小，所以这些估计值或边界形成了一个自交互系统。我们假设式(11-B12)～式(11-B18)拥有一个 $\theta_0 \leqslant \theta \leqslant \theta_1$ 内的解，以及 E、M、ζ、z、L 等量满足该范围内的某些边界。

然后，我们根据从所定义的这些方程中获得的量来计算新边界。最后，如果 G 足够小且恰当地选取了 θ_0，则存在一组边界：这些量的初始值满足该组边界，且该组边界使得通过计算定义方程得到的重新推导边界均小于该组原始边界。

第一个边界为

$$\zeta - z_0 \lesssim \varepsilon \begin{bmatrix} 0 \\ 2 \end{bmatrix} \tag{11-B22}$$

z_0 表示 $z(\theta_0)$，即该嵌入函数的初始值。我们假设 z_0 是解析的且使式(11-B8a) 和式(11-B8b)非奇异。在 z、z'、z'' 分别近似 z、z_0'、z_0'' 时，$F(z', z'')$ 的表现会很好。所以设计式(11-B22)的目的是确保 $F(\zeta', \zeta'')$ 有良好表现。为使 $F(\zeta', \zeta'')$ 在式(11-B22)成立时表现良好，ε 须为常量且足够小。

将存在某个值 θ_α（假设 $\theta_\alpha \geqslant 1$）：若 $\theta \geqslant \theta_\alpha$，则 $S_\theta z_0 - z_0 \leqslant \varepsilon/2 \begin{bmatrix} 0 \\ 2 \end{bmatrix}$。因此，我们提出以下条件：

$$\theta_0 \geqslant \theta_\alpha \tag{11-B23}$$

根据该条件，我们可通过使 $z - z_0$ 保持足够小以满足式(11-B22)。设

$$z_0 \lesssim \alpha \begin{bmatrix} 0;1 \\ 3;4 \end{bmatrix} \tag{11-B24}$$

这仅仅是为了符号书写的方便。z_0 当然独立于 θ。选择边界 α 的目的是使式(11-B24)对所有 $\theta \geqslant 1$ 的情况均成立。对 $z - z_0$，我们假设存在以下边界

$$z - z_0 \lesssim \beta \begin{bmatrix} 0;1 \\ 3;4 \end{bmatrix} \tag{11-B25}$$

注意，若式(11-B23)成立且 β 足够小，则式(11-B22)成立。加上式(11-B24)和式(11-B25)，有

$$z \lesssim (\alpha + \beta) \begin{bmatrix} 0;1 \\ 3;4 \end{bmatrix}$$

$$\lesssim \xi \begin{bmatrix} 0;1 \\ 3;4 \end{bmatrix} \tag{11-B26}$$

使用 ξ 是为了方便标记。

所使用的其他边界包括：

$$L \lesssim \lambda \begin{bmatrix} 0 \\ 3 \end{bmatrix} \tag{11-B27}$$

$$M \lesssim \mu \begin{bmatrix} -4,0 \\ 0,4 \end{bmatrix} \tag{11-B28}$$

$$\dot{z} \lesssim \gamma \begin{bmatrix} -4,0 \\ 0,4 \end{bmatrix} \tag{11-B29}$$

$$E \lesssim \eta \begin{bmatrix} -5,-2 \\ 0, 3 \end{bmatrix} \tag{11-B30}$$

$$G \lesssim \delta \begin{bmatrix} 0 \\ 3 \end{bmatrix} \tag{11-B31}$$

G 的边界为一个句柄，通过它可获知 G 的大小；并且为了使该过程收敛，我们将假设该句柄尽可能小。该微小量包含最高三阶导数。

重新推导的边界

现在我们假设：对该过程的方程在 $\theta_0 \leqslant \theta \leqslant \theta_1$ 内的某个解而言，式(11-B22)～式(11-B31)均成立；同时，根据原始边界并使用定义方程来计算相同量的"重新推导"新边界。该新边界在同样的 θ 范围内成立并且用带星号(*)的希腊字母加以区分。

首先考虑 L。由式(11-B16)有

$$L(\theta) \lesssim \int_{\theta_0}^{\theta} \eta \left[\bar{\theta} \middle| \begin{matrix} -5;-2 \\ 0; 3 \end{matrix} \right] u(\theta - \bar{\theta}) \mathrm{d}\bar{\theta}$$

若 $k \geqslant 2$，

$$\int_{\theta_0}^{\theta} (\bar{\theta})^{-k} \mathrm{d}\bar{\theta} = \frac{\theta_0^{1-k} - \theta^{1-k}}{k-1} \leqslant \theta_0^{1-k}$$

因为 $|u| \leqslant 1$ 且 $\theta \geqslant 1$，因此有

$$L \lesssim \eta \left[\theta_0 \middle| \begin{matrix} -4; -1 \\ 0; 3 \end{matrix} \right]$$

$$\lesssim \eta \theta_0^{-1} \begin{bmatrix} 0 \\ 3 \end{bmatrix} \tag{11-B32}$$

$$\lesssim \lambda^* \begin{bmatrix} 0 \\ 3 \end{bmatrix}$$

为对 M 进行估计，我们利用式(11-B18c)，且有

$$M \lesssim \dot{u}'(\theta-\theta_0)C_1\delta\begin{bmatrix}0;1\\3;4\end{bmatrix} + C_2\delta\begin{bmatrix}-4;0\\0;4\end{bmatrix} \tag{11-B33}$$

$$+ C_2\lambda^*\begin{bmatrix}-4;0\\0;4\end{bmatrix} + S_\theta\int_{\theta_0}^{\theta}\eta\left[\bar{\theta}\,\Big|\,\begin{matrix}-5;-2\\0;\ \ 3\end{matrix}\right]\dot{u}'(\theta-\bar{\theta})\mathrm{d}\bar{\theta}$$

第一项是将式(11-A15)应用到式(11-B31)的结果。常量 C_1 是由式(11-A15)所得系数的最大值。一般地，当估计值中出现未说明的常量时，我们将按照它们出现的顺序以 C_1，C_2，…简单地标号。我们不会去关注这些常量的实际大小。第二项是将式(11-A16)应用于式(11-B31)的结果，注意 $|u|\leqslant 1$。第三项是由式(11-A16)和式(11-B32)得到。

对第一项，有

$$\dot{u}'(\theta-\theta_0)C_1\delta\begin{bmatrix}0;1\\3;4\end{bmatrix} \lesssim [\theta^4\dot{u}(\theta-\theta_0)]C_1\delta\begin{bmatrix}-4;0\\0;4\end{bmatrix}$$

$$\lesssim \max_{\theta_0\leqslant\theta\leqslant\theta_{0+1}}\{\theta^4\}\max_\theta\{\dot{u}(\theta-\theta_0)\}C_1\delta\begin{bmatrix}-4;0\\0;4\end{bmatrix}$$

$$\lesssim C_3(\theta_0+1)^4\delta\begin{bmatrix}-4;0\\0;4\end{bmatrix}$$

这使得第一项具有了 $\begin{bmatrix}-4;0\\0;4\end{bmatrix}$ 的形式，只剩式(11-B33)的第四项待处理。

我们希望用 $\begin{bmatrix}-4;0\\0;4\end{bmatrix}$ 来优化式(11-B33)的第四项。设 $\theta^*=\max(\theta_0,\ \theta-1)$，则因为 $\bar{\theta}\leqslant\theta-1$ 时有 $\dot{u}'(\theta-\bar{\theta})=0$，因此可得

$$第四项 \lesssim S_\theta\int_{\theta^*}^{\theta}\eta\left[\bar{\theta}\,\Big|\,\begin{matrix}-5;-2\\0;\ \ 3\end{matrix}\right]\dot{u}(\theta-\bar{\theta})\mathrm{d}\bar{\theta}$$

$$\lesssim S_\theta\left\{\eta\max_p[\dot{u}(p)]\left[\theta^*\,\Big|\,\begin{matrix}-5;-2\\0;\ \ 3\end{matrix}\right]\right\}$$

因积分区间不超过一个单位长度(即 $\theta-\theta^*\leqslant 1$)，因此继续可得

$$第四项 \lesssim C_4\eta\left[\theta^*\,\Big|\,\begin{matrix}-5;-1\\0;\ \ 4\end{matrix}\right]$$

式中，C_4 表示 $\max_p\dot{u}(p)$ 和式(11-A15)中产生的常系数(说明 S_θ 的作用方式)。于是，因为 $\theta_0\leqslant\theta^*\leqslant\theta$，有

$$第四项 \lesssim C_4\eta\theta_0^{-1}(\theta^*/\theta)^{-5}\left[\theta\,\Big|\,\begin{matrix}-4;0\\0;4\end{matrix}\right]$$

$$\lesssim C_4\,\eta\theta_0^{-1}\left(\frac{1}{2}\right)^{-5}[\theta|\,_{0,4}^{-4;0}]\,(因为\ 1\leqslant\theta^*\leqslant\theta\ 且\ \theta^*\geqslant\theta-1)$$

$$\lesssim C_5\,\eta\theta_0^{-1}[\theta|\,_{0,4}^{-4;0}]$$

综合这些结果，我们有

$$M\lesssim\{C_3(\theta_0+1)^4\delta+C_2\delta+C_2\lambda^*+C_5\theta_0^{-1}\eta\}\big[_{0,4}^{-4;0}\big]\qquad(11\text{-B}34)$$

$$\lesssim\mu^*\big[_{0,4}^{-4;0}\big]$$

要估计 $\dot{z}$，我们需要式(11-B34)以及对 ζ 的一个估计。对 ζ，将式(11-A15)应用于式(11-B26)可得

$$\zeta\lesssim C_5\xi\big[_{3,6}^{0,3}\big]\qquad(11\text{-B}35)$$

将该估计扩展至第六阶导数的原因在于 $\dot{z}$ 依赖于 ζ''，因此 $\dot{z}$ 的第四阶导数依赖于 ζ 的第六阶导数。

$\dot{z}$ 的某个导数将会依赖于 M 和 ζ 的各阶导数。例如，我们可以象征性地写出以下式子

$$\dot{z}=F(\zeta',\zeta'')\boxtimes M'+(F_\zeta)\zeta''\boxtimes M+(F_{\zeta'})\zeta'''\boxtimes M$$

当式(11-B22)成立时，函数 F 及其偏导数 F_ζ 和 $F_{\zeta'}$ 将有界，因此应用式(11-B34)和式(11-B35)可得

$$\text{size}\dot{z}'\leqslant\text{const.}\ \mu^*\theta^{-3}+\text{const.}\ C_6\xi\mu^*\theta^{-4}+\text{const.}\ C_6\xi\mu^*\theta^{-4}$$

注意，θ 的最高(最小为负)次幂来自 M 被微分的那一项：$\dot{z}$ 的一个高阶导数将包含许多项且 θ 的最高次幂会出现在 M 的微分取最大值的那一项。如果我们用该最高次幂来优化 θ 的较低次幂并且观察到 μ^* 将在各项中出现一次，则我们可得如下形式的 $\dot{z}$ 的一般估计：

$$\dot{z}\lesssim P_1(\xi)\mu^*\big[_{0,4}^{-4;0}\big]，或$$

$$\lesssim\gamma^*\big[_{0,4}^{-4;0}\big]\qquad(11\text{-B}36)$$

这里 $P_1(\xi)$ 只是 ξ 的某个四次多项式，是我们将使用的一系列此类多项式(类似于被标号的一系列常量)中的第一个。注意，$\dot{z}$ 和 M 同样依赖于 θ。

我们可使用式(11-B36)以及通过式(11-A17)和式(11-B26)得到的以下估计

$$\zeta - z \lesssim C_7 \xi \begin{bmatrix} -3;1 \\ 0;4 \end{bmatrix}$$

来估计 E。利用 $E = 2(\zeta - z)' \otimes \dot{z}'$，我们可得

$$E \lesssim 2\left\{C_7 \xi \begin{bmatrix} -3;1 \\ 0;4 \end{bmatrix}\right\}' \otimes \left\{\gamma^* \begin{bmatrix} -4;0 \\ 0;4 \end{bmatrix}\right\}，\text{或}$$

$$E \lesssim 2C_7 \xi \begin{bmatrix} -2;1 \\ 0;3 \end{bmatrix} \otimes \gamma^* \begin{bmatrix} -3;0 \\ 0;3 \end{bmatrix}，\text{或} \qquad (11\text{-}B37)$$

$$E \lesssim C_8 \xi \gamma^* \begin{bmatrix} -5; -2 \\ 0; \ \ 3 \end{bmatrix}$$

$$\lesssim \eta^* \begin{bmatrix} -5; -2 \\ 0; \ \ 3 \end{bmatrix}$$

这例示了与用我们的符号表示的两个边界之积相对应的边界模式。

对 z 的估计是最耗时费力的。通过 $z = z_0 + \int_{\theta_2}^{\theta} \dot{z}$ 获得的简单估计，对 z 的三阶导数而言并不够好。我们需要一个中间步骤来估计 M 的积分。此外，虽然这里仅有直接估计还不够，但利用式(11-B18a)有

$$\int_{\theta_2}^{\theta_3} M(\theta) \mathrm{d}\theta = u(\theta_3 - \theta_0) S_{\theta_3} G + S_{\theta_3} L(\theta_3) - u(\theta_2 - \theta_0) S_{\theta_2} G - S_{\theta_2} L(\theta_2)$$

将式(11-A15)应用于 G 和 L 的边界，假设 $\theta_2 \leqslant \theta_3$ 并利用 $|u| \leqslant 1$，有

$$\int_{\theta_2}^{\theta_3} M(\theta) \mathrm{d}\theta \lesssim C_9 (\delta + \lambda^*) \left[\theta_3 \Big| \begin{matrix} 0;1 \\ 3;4 \end{matrix}\right]$$

直接整合 M 估计(11-B34)，有

$$\int_{\theta_2}^{\theta_3} M(\theta) \mathrm{d}\theta \lesssim \int_{\theta_2}^{\theta_3} \mu^* \begin{bmatrix} -4;0 \\ 0;4 \end{bmatrix} \mathrm{d}\theta$$

$$\lesssim C_{10} \mu^* \left[\theta_2 \Big| \begin{matrix} -3; -1 \\ 0; \ \ 2 \end{matrix}\right]$$

该估计仅针对不超过二阶的微分进行描述，因为对第三阶而言，$\int \theta^{-1} \mathrm{d}\theta$ 会导致一个对数项；对第四阶来讲，θ_3^{+1} 将优化 θ_2^{+1}，而不是优化 θ_3 项的 θ_2 项(θ_2 对 θ_3 的优化发生在求二阶导数时)。

现在我们拥有了两个良好估计：一个针对低阶导数；一个针对高阶导数。

如果将这两个估计相加，那么我们就能安全地将第二个估计的范围扩展，并在第二个估计所覆盖的范围内修改第一个估计，有

$$\int_{\theta_2}^{\theta_3} M(\theta)\,\mathrm{d}\theta \lesssim C_{11}(\mu^* + \delta + \lambda^*)\{[\theta_2 \,|\, {}^{-3;\,1}_{\ \ 0;\,4}] + [\theta_3 \,|\, {}^{-3;\,1}_{\ \ 0;\,4}]\} \tag{11-B38}$$

在获得 z 估计的过程中，我们还需对 $\dot{F}$ 进行估计。象征性地描述如下

$$\dot{F} = F_{\zeta'}\dot{\zeta}' + F_{\zeta''}\dot{\zeta}''$$

为使用该式，我们须对 $\dot{\zeta}$ 进行估计，即 $(S_\theta z)\dot{} = \dot{S}_\theta + S_\theta \dot{z}$。因此，由式（11-A16）、式（11-B26）、式（11-A15）和式（11-B29），可推导出

$$\dot{\zeta} \lesssim C_{12}\xi\,[{}^{-4;\,2}_{\ \ 0;\,6}] + C_{13}\gamma\,[{}^{-4;\,2}_{\ \ 0;\,6}]$$

$$\lesssim C_{14}(\xi + \gamma)[{}^{-4;\,2}_{\ \ 0;\,6}]$$

利用对 $\dot{\zeta}$ 的估计，我们现在可用一种与我们估计 $\dot{z} = F \boxtimes M$ 时所用方法完全类似的方法来估计 $\dot{F}$。该估计的结果具有以下形式

$$\dot{F} \lesssim P_2(\xi)(\xi + \gamma)[{}^{-3;\,2}_{\ \ 0;\,5}] + P_3(\xi)(\xi + \gamma)[{}^{-2;\,2}_{\ \ 0;\,4}]$$

$$\lesssim P_4(\xi)(\xi + \gamma)[{}^{-2;\,2}_{\ \ 0;\,4}] \tag{11-B39}$$

最后，我们需要对 F 本身进行估计。这里 θ 的最高次幂将源自 ζ' 的最大微分值。因此，该估计具有以下形式

$$F \lesssim P_5(\xi)[{}^{0;\,3}_{1;\,4}] \tag{11-B40}$$

并且与 ζ'' 一样具有对 θ 的依赖性。

z 估计

我们实际估计 $z - z_0$，然后根据该结果可很容易估计 z。首先

$$z(\theta_3) - z_0 = \int_{\theta_0}^{\theta_3} \dot{z}\,\mathrm{d}\theta$$

$$= \int_{\theta_0}^{\theta_3} F \boxtimes M\,\mathrm{d}\theta$$

$$= \int_{\theta_0}^{\theta_3} F \boxtimes \left[-\frac{\partial}{\partial \theta_2} \int_{\theta_2}^{\theta_3} M d\theta \right] d\theta$$

$$= -\int_{\theta_0}^{\theta_3} F \boxtimes \left(\frac{\partial}{\partial \theta_2} \int_{\theta_2}^{\theta_3} M d\theta \right) d\theta$$

现在我们应用分部积分法，有

$$z(\theta_3) - z_0 = -\left[F \boxtimes \int_{\theta_2}^{\theta_3} M d\theta \right]_{\theta_2=\theta_0}^{\theta_2=\theta_3} + \int_{\theta_0}^{\theta_3} \dot{F} \boxtimes \left(\int_{\theta_2}^{\theta_3} M d\theta \right) d\theta_2$$

通过计算第一项可得

$$z(\theta_3) - z_0 = F(\zeta'(\theta_0), \zeta'(\theta_0)) \boxtimes \int_{\theta_0}^{\theta_3} M d\theta$$

$$+ \int_{\theta_0}^{\theta_3} \left\{ \dot{F}(\text{在 } \theta_2) \boxtimes \int_{\theta_2}^{\theta_3} M d\theta \right\} d\theta_2 \tag{11-B41}$$

至此，我们为 F 嵌入了估计[式(11-B40)]，为 $\dot{F}$ 嵌入了估计[式(11-B39)]，为 $\int m d\theta$ 嵌入了估计[式(11-B38)]。这使得

$$z - z_0 \lesssim P_5(\xi) \left[\theta_0 \mid_{1,4}^{0,3} \right]$$

$$\boxtimes C_{11}(\mu^* + \delta + \lambda^*) \left\{ \theta_0 \left[_{0,4}^{-3,1} \right] + \left[\theta_3 \mid_{0,4}^{-3,1} \right] \right\} \tag{11-B42}$$

$$+ \int_{\theta_0}^{\theta_3} \left\{ P_4(\xi)(\xi + \lambda) \left[\theta_2 \mid_{0,4}^{-2,2} \right] \right\}$$

$$\boxtimes C_{11}(\mu^* + \delta + \lambda^*) \left\{ \left[\theta_2 \mid_{0,4}^{-3,1} \right] + \left[\theta_3 \mid_{0,4}^{-3,1} \right] \right\} d\theta_2$$

称右边两项为 T_1 和 T_2。我们可利用 $\theta_3 \geqslant \theta_0 \geqslant 1$ 来弱化并简化 T_1，并且有

$$T_1 \lesssim P_5(\xi)(\mu^* + \delta + \lambda^*) \left[\theta_3 \mid_{3,4}^{0,1} \right]$$

对 T_2 的处理需更加小心。T_2 的各导数都对应于被积函数中包含 θ_2 和 θ_3 不同次幂的数个积分。T_2 的第 r 阶导数包含具有如下形式的项

$$\int_{\theta_0}^{\theta_3} \text{constant} \cdot \theta_2^s \cdot \theta_3^{r-s-5} d\theta_2$$

式中，$r = 0, 1, 2, 3, 4$ 且 $s = r - 5$（使 $r - s - 5 = 0$），或 s 满足 $-2 \leqslant s \leqslant r - 2$。

与$\left[\theta_2 \middle| {}^{-3;1}_{0;4}\right]$和$\left[\theta_3 \middle| {}^{-3;1}_{0;4}\right]$两个表达式对应的两个替代项被添加到了$T_2$中。这些积分给出了不同的项，我们可以通过简单列出所有情形来更明确地处理这种情况（见图 11-1）。

	$r=0$	$r=1$	$r=2$	$r=3$	$r=4$
$s=r-5$	$\frac{1}{4}\theta_0^{-4}$	$\frac{1}{3}\theta_0^{-3}$	$\frac{1}{2}\theta_0^{-2}$	θ_0^{-1}	$\log(\theta_3/\theta_0)$
$s=-2$	$\theta_0^{-1}\theta_3^{-3}$	$\theta_0^{-1}\theta_3^{-2}$	$\theta_0^{-1}\theta_3^{-1}$	θ_0^{-1}	$\theta_0^{-1}\theta_3$
-1		$\log(\theta_3/\theta_0)\theta_3^{-3}$	$\log(\theta_3/\theta_0)\theta_3^{-2}$	$\log(\theta_3/\theta_0)\theta_3^{-1}$	$\log(\theta_3/\theta_0)$
0			θ_3^{-2}	θ_3^{-1}	1
1				$\frac{1}{2}\theta_3^{-1}$	$\frac{1}{2}$
2					$\frac{1}{3}$
优化项	θ_0^{-4}	θ_0^{-3}	θ_0^{-2}	θ_0^{-1}	$\theta_0^{-1}\theta_3$

图 11-1

利用该图最下面一行列出的优化项，有

$$T_2 \lesssim P_7(\xi)(\xi+\lambda)(\mu^* + \delta + \lambda^*)\theta_0^{-1}\left[\theta_3 \middle| {}^{0;1}_{3;4}\right]$$

因为θ_0的幂模式不适合我们的符号方案，所以我们简单地使用了所出现的最高次幂(θ_0^{-1})。

现在，如果我们将T_1估计和T_2估计相加，可得到$z(\theta_3)-z_0$的一个估计：

$$z(\theta_3) - z_0 \lesssim P_8(\xi)(1+\xi+\gamma)(\mu^* + \delta + \lambda^*)\left[\theta_3 \middle| {}^{0;1}_{3;4}\right]，或$$

$$z-z_0 \lesssim \beta^* \left[{}^{0;1}_{3;4}\right] \tag{11-B43}$$

因为$z=z_0+(z-z_0)$，因此有

$$z \lesssim (\alpha + \beta^*)\left[{}^{0;1}_{3;4}\right] \tag{11-B44}$$

$$\lesssim \xi^* \left[{}^{0;1}_{3;4}\right]$$

最后，要重新推导边界，就必须考虑条件式(11-B22)。约定$\theta_0 \geqslant \theta_\alpha$，因此

$$S_\theta z_0 - z_0 \leqslant \varepsilon/2 \left[{}^{0}_{2}\right]$$

对式(11-B43)应用式(11-A15)，可得

$$\zeta - S_\theta z_0 = S_\theta(z - z_0) \leqslant C_{15}\beta^* \begin{bmatrix} -3;1 \\ 0,4 \end{bmatrix}$$

加上不等式

$$\zeta - z_0 = (\zeta - S_\theta z_0) + (S_\theta z_0 - z_0)$$

$$\leqslant (C_{15}\beta^* + \varepsilon/2)\begin{bmatrix} 0 \\ 2 \end{bmatrix} \leqslant \varepsilon^* \begin{bmatrix} 0 \\ 2 \end{bmatrix} \tag{11-B45}$$

当然，我们希望 $\varepsilon^* \leqslant \varepsilon$。

边界的强一致性

我们在这里证明：若 δ 足够小，则我们能如所要求的那样选择 θ_0，使 $\theta_0 \geqslant \theta_\alpha$，并使所有重新推导的边界均比原始边界小：$\lambda^* < \lambda$，$\mu^* < \mu$，$\varepsilon^* < \varepsilon$ 等。为清楚起见，将所有重新推导的边界汇集如下

$$\lambda^* = \eta\,\theta_0^{-1}$$

$$\mu^* = C_3(\theta_0 + 1)^4\delta + C_2\delta + C_2\lambda^* + C_5\theta_0^{-1}\eta$$

$$\gamma^* = P_1(\xi)\mu^*$$

$$\eta^* = C_8\xi\gamma^* \tag{11-B46}$$

$$\beta^* = P_8(\xi)(1 + \xi + \gamma)(\mu^* + \delta + \lambda^*)$$

$$\xi^* = \alpha + \beta^* \quad (\xi = \alpha + \beta)$$

$$\varepsilon^* = \varepsilon/2 + C_{15}\beta^*$$

考虑正原始边界的任意一组 λ，μ，γ，η，ξ，$\varepsilon(\xi > \alpha)$，并考虑重新推导的边界在 $\theta_0 \to \infty$ 时以及对每个 θ_0 值都有 $\delta \to 0$ 时的行为，即考虑每个重新推导边界的

$$\lim_{\theta_0 \to \infty} \lim_{\delta \to 0}$$

首先有

$$\lim_{\theta_0 \to \infty}[\lim_{\delta \to 0}\lambda^*] = 0$$

或者 $\lambda^* \rightarrow 0$。因为 $\lambda^* \rightarrow 0$，所以我们有 $\mu^* \rightarrow 0$。因此，当 $\eta^* \rightarrow 0$ 时，$\gamma^* \rightarrow 0$。因为 μ^*，δ，$\lambda^* \rightarrow 0$，所以 $\beta^* \rightarrow 0$。因此，$\xi^* \rightarrow \alpha$ 且 $\epsilon^* \rightarrow \epsilon/2$。这些观测值明确表明：在不考虑所假定的原始边界 λ，μ，…大小的情况下，若 θ_0 足够大且 δ 足够小，那么重新推导的边界 λ^*，μ^*，…都将比原始边界小。

解的存在性

为了利用上述结果，我们需大致了解定义我们扰动过程的方程组。我们必须清楚，无论何时我们获得该方程组在区间 $\theta_0 \leqslant \theta \leqslant \theta_1$ 内的良好行为解，都将会存在某种局部连续性。实际上，该方程组是非常良性的一个方程组。平滑使这些解成为分析函数，并使它们至少在 θ 的一个较小范围内具有良好行为。

该方程组所采用的上述形式［见式(11-B12)～式(11-B18)］并没有很直接地揭示其真正特征。S_θ 的驯服效果程度没有完全显现出来。以下给出的另一个公式使这种驯服性表现得非常明显。

如上所述，该方程组的一个可移除部分是与空间坐标有关的微分，该部分是用 ζ 或 z' 等事先提供项来表示的。这类微分使该方程组看上去像一个偏微分方程组，而偏微分方程组的解通常不具有局部连续性。

如果某个量是通过平滑来定义的(比如 $\zeta = S_\theta z$)，那么其空间导数可表示为某个适当算子作用于该原始量的结果。比如

$$\zeta' = S'_\theta z$$

对于高阶导数，我们有 S''_θ，S'''_θ 等类似算子；对于 S_θ，存在类似的级数 S'_θ，S''_θ，…。这些求导得到的算子也具有平滑属性。通过利用这些算子，我们可将该方程组改写为一个良性的函数积分方程组。

将 z，z'，L 和 $\dot{L}$ 作为基本量，然后其他量可直接或间接地表示为这四个基本量的函数或泛函：

$$\zeta = S_\theta z, \; \zeta' = S'_\theta z, \; \zeta'' = S''_\theta z, \; \zeta''' = S'''_\theta z$$

$$M = S_\theta(\dot{u}(\theta-\theta_0)G + \dot{L}) + \dot{S}_\theta(u(\theta-\theta_0)G + L)$$

$$M' = S'_\theta(\dot{u}(\theta-\theta_0)G + \dot{L}) + \dot{S}'_\theta(u(\theta-\theta_0)G + L)$$

$$\dot{z} = F(\zeta', \zeta'') \boxtimes M$$

$$\dot{z}' = (F_{\zeta'} \cdot \zeta'' + F_{\zeta''} \cdot \zeta''') \boxtimes M + F \boxtimes M'$$

$$\dot{g} = 2z' \otimes \dot{z}'$$

$$E = M - \dot{g} \text{ 或 } E = 2(\zeta' - z') \otimes \dot{z}'$$

这些基本量将与某些积分相等:

$$z = z_0 + \int_{\theta_0}^{\theta} \dot{z}, \; z' = z'_0 + \int_{\theta_0}^{\theta} \otimes \dot{z}'$$

$$L = \int_{\theta_0}^{\theta} u(\theta-\bar{\theta})E(\bar{\theta})\mathrm{d}(\bar{\theta}), \; \dot{L} = \int_{\theta_0}^{\theta} \dot{u}(\theta-\bar{\theta})E(\bar{\theta})\mathrm{d}\bar{\theta}$$

现在,因为所涉及的所有函数、泛函和运算都具有良好的分析行为,所以我们获得了一个具有良好行为的积分方程组。事实上,该方程组是特别驯服的。因为 $\dot{z}$ 和 $\dot{z}'$ 是通过平滑量排他性地定义的,又因为 z_0 和 z'_0 是分析的,所以 z 和 z' 是平滑的和分析的(作为空间变量的函数),于是 $\dot{g}$ 和 E 是平滑的,所以 L 和 $\dot{L}$ 也是平滑的。因此,方程组中 S_θ 的存在使所有量都保持了平滑。

连续性

假设该方程组在 $\theta_0 \leqslant \theta < \theta_1$ 内有解。我们可证明该解将满足 λ, μ 等边界。这些边界在开始求解时必定成立,因此若它们在 $\theta_0 \leqslant \theta \leqslant \theta_1$ 内不成立,则它们会在区间 $\theta_0 \leqslant \theta \leqslant \varphi$ 内成立(这里 $\theta_0 < \varphi < \theta_1$)。但现在较小边界 λ^*, μ^*, …, ε^* 在 $\theta_0 \leqslant \theta \leqslant \varphi$ 内必定成立,因此根据连续性,较大的边界在超过 φ 的某个区间内必定成立。这一矛盾证明,较大的边界以及重新推导的较小

边界在该解的整个范围 $\theta_0 \leqslant \theta < \theta_1$ 内均成立。

现在假设 θ_1 是该解的连续极限。该方程组的边界及驯服性使其在闭区间 $\theta_0 \leqslant \theta \leqslant \theta_1$ 内必定有一个解。而用某种标准论证［如皮卡德（Picard）方法或函数不动点方法］可证明，该方程组在 θ_1 以外具有局部连续性，并且某个解的这种连续性将是唯一的。因此，我们得到了与假设相矛盾的结论，并且我们看到：对 $\theta \geqslant \theta_0$ 的所有值，该解不仅存在，还唯一且满足这些边界。

等距收敛

我们须证明：发生在扰动过程中的嵌入 $z(\theta)$ 趋近于实现了期望度量 $(G+g_0)$ 的某个极限嵌入，其中 g_0 是对初始嵌入的度量。

证明嵌入收敛的柯西（Cauchy）准则方法要求我们考虑 $z(\theta_2)-z(\theta_1)$，

$$z(\theta_2) - z(\theta_1) = \int_{\theta_1}^{\theta_2} \dot{z}(\theta)\,\mathrm{d}\theta$$

该式

$$\lesssim \int_{\theta_1}^{\theta_2} \gamma \begin{bmatrix} -4\,;0 \\ 0\,,4 \end{bmatrix} \mathrm{d}\theta$$

或

$$\lesssim \gamma \left[\theta_1 \,\middle|\, \begin{matrix} -3\,; -1 \\ 0\,, 2 \end{matrix} \right]$$

对 $z(\theta_2)-z(\theta_1)$ 及其导数的这一估计，足以证明嵌入 $z(\theta)$ 及其一阶、二阶导数收敛于某个极限值 $z(\infty)$。用对 $\dot{z}$ 边界积分这种方法来求三阶导数太过粗糙。

要检验该嵌入所引入的度量 $g(\theta)$ 是否收敛于期望极限 g_0+G，观察

$$g(\theta_1) = g_0 \int_{\theta_0}^{\theta_1} \dot{g}\,\mathrm{d}\theta$$

$$= g_0 + \int_{\theta_0}^{\theta_1} (M - E)\,\mathrm{d}\theta \tag{11-B47}$$

$$= g_0 + \int_{\theta_0}^{\theta_1} M \mathrm{d}\theta - \int_{\theta_0}^{\theta_1} E \mathrm{d}\theta$$

现在应用式(11-B18a),有

$$g(\theta_1) = g_0 + u(\theta_1 - \theta_0) S_{\theta_1} G + S_{\theta_1} L(\theta_1) - \int_{\theta_0}^{\theta_1} E \mathrm{d}\theta$$

假设 $\theta_1 \geqslant \theta_0 + 1$ 使 $u(\theta_1 - \theta_0) = 1$,然后有

$$g(\theta_1) = g_0 + S_{\theta_1} G + S_{\theta_1} L(\theta_1) - \int_{\theta_0}^{\theta_1} [1 - u(\theta_1 - \theta)] E(\theta) \mathrm{d}\theta$$

$$- \int_{\theta_0}^{\theta_1} u(\theta_1 - \theta) E(\theta) \mathrm{d}\theta$$

当 $\theta \leqslant \theta_1 - 1$ 时,第一个被积函数为 0,且第二个积分为 $L(\theta_1)$,因此

$$g(\theta_1) = g_0 + G + (S_{\theta_1} - 1)[G + L(\theta_1)]$$

$$+ \int_{\theta_1 - 1}^{\theta_1} [u(\theta_1 - \theta) - 1] E(\theta) \mathrm{d}\theta \tag{11-B48}$$

我们将最后两项称为余部 R_1 和 R_2。然后由式(11-A17)、式(11-B27)和式(11-B31)可得

$$R_1 \lesssim C_{16} (\delta + \lambda) \big[\theta_1 \big|_{0,3}^{-3,0} \big]$$

由式(11-B30)可得

$$R_2 \lesssim \eta \big[\theta_1 - 1 \big|_{0;\ 3}^{-5;\ -2} \big]$$

对求三阶导数而言,R_2 边界已经足够,但 R_1 边界却不是这样。所以我们看到,度量 $g(\theta)$ 收敛于期望极限度量,且一阶和二阶导数收敛于该极限度量的对应导数,但我们仍不确定三阶导数是否收敛。当然,该极限度量 $g_0 + G$ 为 C^3。

更精致的结果

忽略 B 部分中的这一节无损本章的连续性。在本节,我们将证明该极限嵌入实际上总为 C^3 并对 G 为 C^4,C^5,$\cdots$,C^∞ 时的情形进行处理。

可用某种归纳法来处理 G 为 C^k 时的情形，即利用 C^{k-1} 时的结果来处理 C^k 时的情形。我们可考虑用 C^3 到 C^4 这一步为例来阐明该归纳推理的所有基本特征(这样做标记难度最小)。在开始之前，我们可假定边界

$$G \lesssim \delta' \begin{bmatrix} 0 \\ 4 \end{bmatrix}$$
$$z_0 \lesssim \alpha' \begin{bmatrix} 0 \\ 4 \end{bmatrix}$$

(11-B49)

形式上与式(11-B24)和式(11-B31)相同，即用 4 替换 3。不过需指出的是，这里并不要求 δ' 很小。

假设仅在 G 为 C^3 时应用该扰动过程，我们将得到与所涉量有关的边界式(11-B22)和式(11-B31)。我们的结论是：除了在指示微分阶数的指数中系统地以 4 替换 3，5 替换 4 等以外，我们还可推导出一个与这些边界类似的新边界集。

上述工作计算了 λ^*，μ^* 等重新推导的边界集，不管是在何处对通过平滑定义的某个量进行估计，该估计都有可能被推导为微分阶数的任意特定上限。作为对式(11-B34)的替换，我们可推导出

$$M \lesssim \bar{\mu} \begin{bmatrix} -4,1 \\ 0,5 \end{bmatrix}$$

这不是我们最终想要的对 M 的那类估计，我们希望得到一个 $\begin{bmatrix} -5,0 \\ 0,5 \end{bmatrix}$ 估计。这一步只是个有用的中间步骤。类似地，有

$$\zeta \lesssim \bar{C}_6 \xi \begin{bmatrix} 0,4 \\ 3,7 \end{bmatrix}$$

和

$$\dot{z} \lesssim \bar{\gamma} \begin{bmatrix} -4,2 \\ 0,6 \end{bmatrix}$$

通过对该式积分并利用式(11-B50)估计五阶导数，以及利用式(11-B26)求低阶导数，可得到一个大致的 z 边界：

$$z \lesssim \bar{\xi} \begin{bmatrix} 0,2 \\ 3,5 \end{bmatrix}$$

由此有

$$\zeta - z \lesssim \bar{C}_7 \bar{\xi} \begin{bmatrix} -3,2 \\ 0,5 \end{bmatrix}$$

因为 $E = 2(\zeta - z)' \otimes \dot{z}'$，故可利用上述结果对 E 进行估计，且我们发现

$$E \lesssim \bar{\eta} \begin{bmatrix} -5, & -1 \\ 0, & 4 \end{bmatrix}$$

以下是对 E 的一个较弱但更方便控制的估计，有

$$E \lesssim \bar{\eta} \begin{bmatrix} -4\frac{1}{2}, & -\frac{1}{2} \\ 0, & 4 \end{bmatrix}$$

这种弱化估计在被积函数中的表现非常好，并且借由公式 L 和 $\dot{L}$，可得到新的 L 和 $\dot{L}$ 估计。它们是

$$L \lesssim \bar{\lambda} \begin{bmatrix} 0, & \frac{1}{2} \\ 3, & 4 \end{bmatrix}$$

$$\dot{L} \lesssim \bar{C}_5 \bar{\eta} \begin{bmatrix} -4\frac{1}{2}, & -\frac{1}{2} \\ 0, & 4 \end{bmatrix}$$

(11-B50)

现在重新考虑对 M 的估计并利用新的 L 和 $\dot{L}$ 边界以及新的 G 边界 (11-B49)，有

$$M \lesssim \mu^{\#} \begin{bmatrix} -4\frac{1}{2}, & -\frac{1}{2} \\ 0, & 5 \end{bmatrix}$$

由该式可得

$$\dot{z} \lesssim \gamma^{\#} \begin{bmatrix} -4\frac{1}{2}, & -\frac{1}{2} \\ 0, & 5 \end{bmatrix}$$

于是

$$E \lesssim \eta^{\#} \begin{bmatrix} -5\frac{1}{2}, & -1\frac{1}{2} \\ 0, & 4 \end{bmatrix}$$

这一更为明确的 E 边界为 L 和 $\dot{L}$ 提供了改进边界：

$$L \lesssim \lambda' \begin{bmatrix} 0 \\ 4 \end{bmatrix}$$

$$\dot{L} \lesssim \bar{C}_5 \eta^{\#} \begin{bmatrix} -5\frac{1}{2}, & -1\frac{1}{2} \\ 0, & 4 \end{bmatrix}$$

现在，由这些改进后的 L 和 $\dot{L}$ 边界以及新的 G 边界，我们可推导出

$$M \lesssim \mu' \begin{bmatrix} -5, & 0 \\ 0, & 5 \end{bmatrix}$$

于是

$$\dot{z} \lesssim \gamma' \begin{bmatrix} -5, & 0 \\ 0, & 5 \end{bmatrix}$$

进而

$$E \lesssim \eta' \begin{bmatrix} -6, & -2 \\ 0, & 4 \end{bmatrix}$$

该 z 估计依赖于对 $z-z_0$ 的估计。这完全可以如前面计算重新推导边界时所做的那样进行。我们可利用一个仅通过扩展至六阶导数来改进的较弱的 $\dot{\zeta}$ 估计。虽然这为我们提供的 $\dot{F}$ 估计也较弱，但因为它的使用结合了对 $\int_{\theta_2}^{\theta_3} M\,d\theta$ 的一个改进估计，故已足够。该改进估计源自上述 M、L 和 G 的较强边界（用 μ'，λ'，δ' 表示）。所得结果具有如下形式

$$z - z_0 \lesssim \beta'\left[^{0;1}_{4;5}\right]$$

$$z = \lesssim \xi'\left[^{0;1}_{4;5}\right]$$

这样就获得了新的 C^4 类型估计集（由首位的希腊字母表示）。

与将适当边界归纳推广至 G 为 C^k 时的情形有关的结论同样适用于 G 为 C^∞ 时的情形。上述从 C^3 情形到 C^4 情形的典型归纳推广步骤涉及对 G 的某个新边界式（11-B49）的使用。但我们并没有假设 δ' 很小。因为仅要求 G 及其最多三阶导数较小，所以与 $C^k(k>3)$ 情形有关的结论实际上要比完全类似的结论更明确。

若 G 为 C^∞，则每种 C^k 情形的结论是有效的，因此该嵌入为 C^∞。

我们可证明：若 G 为 C^k 且该嵌入的第 k 阶导数收敛，则 C^k 为极限嵌入。同样，该度量的第 k 阶导数收敛。该论证对 k 的任意值均相同。由于我们没有证明这一点在 $k=3$ 时成立，故我们来处理这种情况。

基本事实是：当 $\theta \to \infty$ 时，$S_\theta G$ 的三阶导数其极限就是 G 的三阶导数，并且这种收敛是一致的。这可以由 G 的三阶导数的一致连续性（紧致性所致）推断得到。该事实可符号化表示如下

$$G - S_\theta G \lesssim \Delta_\theta\left[^0_3\right] \tag{11-B51}$$

其中：对所有 θ 值，Δ_θ 均为常量；并且当 $\theta \to \infty$ 时，$\Delta_\theta \to 0$。关于 Δ_θ 的下降速度没有太多可以说的，这一事实纯粹是定性的。

尽管对 L 的式(11-B50)估计是基于我们对 G 为 C^4 的假设推导出来的，但它不依赖于该假设。因此，我们可在再次假设 G 仅为 C^3 时利用该估计。将式(11-A17)应用于该估计可得

$$(1-S_\theta)L(\bar{\theta}) \lesssim C_{17}\bar{\lambda}(\bar{\theta})^{\frac{1}{2}}\left[\theta_1 \mid {}^{-4;\,0}_{\ 0;\,4}\right]$$

假设 $\theta_2 \geqslant \theta_1$，由此可得

$$S_{\theta_2}L(\bar{\theta}) - S_{\theta_1}L(\bar{\theta}) \lesssim 2C_{17}\bar{\lambda}(\bar{\theta})^{\frac{1}{2}}\left[\theta_1 \mid {}^{-4;\,0}_{\ 0;\,4}\right] \tag{11-B52}$$

我们需获得 $L(\theta_2)-L(\theta_1)$ 的一个边界。假设 $\theta_2 \geqslant \theta_1 \leqslant \theta_0+1$，于是有

$$L(\theta_2) - L(\theta_1) = \int_{\theta_0}^{\theta_2} u(\theta_2-\theta)E(\theta)\mathrm{d}\theta - \int_{\theta_0}^{\theta_1} u(\theta_1-\theta)E(\theta)\mathrm{d}\theta$$

$$= \int_{\theta_1-1}^{\theta_2} \{u(\theta_2-\theta) - u(\theta_1-\theta)\}E(\theta)\mathrm{d}\theta$$

因为，$\theta_1 \leqslant \theta_1-1$ 时，$u(\theta_2-\theta) = u(\theta_1-\theta) = 1$；$\theta \geqslant \theta_1$ 时，$u(\theta_1-\theta) = 0$。利用式(11-B30)，有

$$L(\theta_2) - L(\theta_1) \lesssim \int_{\theta_1-1}^{\theta_2} \eta\left[{}^{-5;\,-2}_{\ 0;\ \ 3}\right]\mathrm{d}\theta$$

$$\lesssim \eta\left[\theta_1-1 \mid {}^{-4;\,-1}_{\ 0;\ \ 3}\right] \tag{11-B53}$$

$$\lesssim 16\eta\left[\theta_1 \mid {}^{-4;\,-1}_{\ 0;\ \ 3}\right]$$

我们须获得一个更精致的 $\int_{\theta_1}^{\theta_2} M$ 估计。根据式(11-B18a)并假设 $\theta_2 \geqslant \theta_1 \geqslant \theta_0+1$，

$$\int_{\theta_1}^{\theta_2} M\mathrm{d}\theta = S_{\theta_2}G + S_{\theta_2}L(\theta_2) - S_{\theta_1}G - S_{\theta_1}L(\theta_1)$$

$$= S_{\theta_2}G - S_{\theta_1}G + S_{\theta_1}[L(\theta_2)-L(\theta_1)] + (S_{\theta_2}-S_{\theta_1})L(\theta_2) \tag{11-B54}$$

$$= T_a + T_b + T_c$$

我们主要关注三阶导数，之前的式(11-B38)估计仅证明其有界而不是递减。根据式(11-B51)，有

$$T_a \lesssim (\Delta_{\theta_1} + \Delta_{\theta_2})\left[{}^0_3\right]$$

若 θ_1，$\theta_2 \to \infty$，则 T_a 的三阶导数将趋近于 0，这正是我们想要的结果。

式（11-B53）强大到足以证明：当 θ_1，$\theta_2 \to \infty$ 时，T_b 的三阶导数趋近于 0。不过，对 T_c 的处理需更为精细。我们可将 T_c 表示为

$$T_c = (S_{\theta_2} - S_{\theta_1})L(\theta_2) = (S_{\theta_2} - S_{\theta_1})\left[L(\bar{\theta}) + \{L(\theta_2) - L(\bar{\theta})\}\right]$$

应认为这里的 $\bar{\theta}$ 小于 θ_1。然后，依据应用于式（10-B53）的式（10-A15）和式（10-B52），可得

$$T_c \lesssim C_{18}\,\eta\left[\bar{\theta}\,\big|\,{}^{-4;1}_{0;3}\right] + 2C_{17}\bar{\lambda}(\bar{\theta})^{\frac{1}{2}}\left[\theta_1\,\big|\,{}^{-4;0}_{0;4}\right]$$

现在可看到，如果首先选择足够大的 $\bar{\theta}$ 使第一项不至于很小，然后选择比 $\bar{\theta}$ 足够大的 θ_1 使第二项很小，则 T_c 及其三阶以内的导数均可被强制为任意小。于是，当 θ_1，$\theta_2 \to \infty$ 时，T_c 及其三阶以内的导数将有效地趋近于 0。

由于当 θ_1，$\theta_2 \to \infty$ 时，T_a'''，T_b'''，T_c''' 均趋近于 0，于是我们可以证明：当 θ_1，$\theta_2 \to \infty$ 时，有

$$\left[\int_{\theta_1}^{\theta_2} Md\theta\right]'' \to 0$$

对该积分的低阶导数而言，通过对式（11-B28）积分获得的简单估计已足够。我们可结合这两种方法来进行某个单一估计：

$$\int_{\theta_1}^{\theta_2} Md\theta \lesssim \mu\left[\theta_1\,\big|\,{}^{-3;-1}_{0;\ 2}\right] + \mu_{\theta_1}\left[\theta_1\,\big|\,{}^{-3;0}_{0;3}\right] \tag{11-B55}$$

当 $0 \to \infty$ 时，μ_θ 对所有 θ 而言都将是一个趋近于 0 的常量。

我们可根据某项柯西准则判据来证明嵌入 $z(\theta)$ 的三阶导数收敛。$z(\theta_3) - z(\theta_1)$ 之差可用一种完全类似于式（11-B41）的形式来表示，这里用 θ_1 替换了 θ_0：

$$z(\theta_3) - z(\theta_1) = F(\zeta'(\theta_1),\zeta''(\theta_1)) \boxtimes \int_{\theta_1}^{\theta_3} Md\theta \quad (= T_1)$$

$$+ \int_{\theta_1}^{\theta_3}\left\{\dot{F}(在\ \theta_2) \boxtimes \int_{\theta_2}^{\theta_3} Md\theta\right\}d\theta_2 \quad (= T_2)$$

与在式（11-B42）之后获得的 T_1 估计类似的估计，并不足以满足我们在这里的需求。不过，因为 θ_1^{-1} 在 θ_1，$\theta_2 \to \infty$ 时会变得很小，故类似的 T_2 估计

$$T_2 \leqslant P_7(\xi)(\xi + \gamma)(\mu^* + \delta + \lambda^*)\theta_1^{-1}\left[\theta_3 \middle|_{3,4}^{0;1}\right]$$

会有非常好的效果。

获得式（11-B55）估计使我们能对 T_1 进行处理。结合式（11-B40）及 F 并利用该估计，可得

$$T_1 \leqslant P_9(\xi)\mu\left[\theta_1 \middle|_{0;\ 2}^{-3;-1}\right] + P_{10}(\xi)\mu\left[\theta_1 \middle|_{0;\ 3}^{-4;-1}\right] + P_{11}(\xi)\mu_{\theta_1}\left[\theta_1 \middle|_{0;3}^{-3;0}\right]$$

这表明：当 θ_1，$\theta_2 \to \infty$ 时，$T_1''' \to 0$，即我们需要证明：当 θ_1，$\theta_2 \to \infty$ 时，

$$[z(\theta_3) - z(\theta_1)]''' \to 0$$

所以我们已经证明：该嵌入的三阶导数一致收敛于该极限嵌入的三阶导数（该极限嵌入因而必定存在且是连续的）。

为了证明该度量的三阶导数收敛，考虑由式（11-B55）和式（11-B30）推导得到的如下表达式

$$g(\theta_2) - g(\theta_1) = \int_{\theta_1}^{\theta_2} \dot{g}\,\mathrm{d}\theta = \int_{\theta_1}^{\theta_2}(M - E)\,\mathrm{d}\theta$$

$$= \int_{\theta_1}^{\theta_2} M\,\mathrm{d}\theta - \int_{\theta_1}^{\theta_2} E\,\mathrm{d}\theta$$

$$\lesssim \mu\left[\theta_1 \middle|_{0;\ 2}^{-3;-1}\right] + \mu_{\theta_1}\left[\theta_1 \middle|_{0;3}^{-3;0}\right] + \eta\left[\theta_1 \middle|_{0;\ 3}^{-4;-1}\right]$$

因为当 $\theta_1 \to \infty$ 时，$\mu_{\theta_1} \to 0$，这表明该度量及其三阶以内导数均收敛。

结论总结

本章这部分的主要结论可用一个定理来概括：

定理 1

假设：

1. $\mathfrak{M}$ 是分析地嵌入在某个欧几里得空间的紧致流形。

2. $\dot{z}_\alpha$ 中的线性方程组（11-B8a，b）在该嵌入的所有点上都是非奇异的。

3. G 是 $\mathfrak{M}$ 上的一个对称协变张量，代表我们想要对该嵌入 $\mathfrak{M}$ 引入的度量做的改变。

4. G 为 C^k（$3 \leqslant k \leqslant \infty$）。

5. θ_0 是确定我们扰动过程初始平滑量的参数。

结论：

如果 θ_0 的取值足够大且 G 及其三阶以内导数足够小，那么该扰动过程将会产生一个 $\mathfrak{M}$ 的扰动嵌入 C^k 并引入 $\mathfrak{M}$ 上的一个度量张量，该度量张量与原始嵌入引入的度量之差为量 G。

C 部分：初步度量近似

B 部分的定理 1 为我们提供了对嵌入所引入度量进行微小改变的手段。在 C 部分，我们将了解如何仅用一次微小变化来实现这一过程，这解决了紧致黎曼流形的嵌入问题。

附加属性

假设流形 $\mathfrak{M}$ 拥有两个嵌入：一个是通过函数 z^α 嵌入 E^m；另一个是通过函数 y^β 嵌入 E^p。设

$$g_z = \sum_\alpha \frac{\partial z_\alpha}{\partial x_i} \frac{\partial z_\alpha}{\partial x_j} \ \text{及}$$

$$g_y = \sum_\beta \frac{\partial y_\beta}{\partial x_i} \frac{\partial y_\beta}{\partial x_j} \tag{11-C1}$$

是通过以上两个嵌入定义的两个度量张量，两者都参照了 $\mathfrak{M}$ 中的某个局部坐标系 x_1，x_2，$\cdots$，x_n。整个函数集 z_1，z_2，$\cdots$，z_m，y_1，y_2，$\cdots$，y_p 定义了将 $\mathfrak{M}$ 嵌入到积空间 $E^m \times E^p$ 的一个嵌入，这一积嵌入在 $\mathfrak{M}$ 上引入的度量张量为 $g_z + g_y$。这就是度量张量的附加属性。

该属性使我们能够将 $\mathfrak{M}$ 嵌入的构建问题一分为二，从而使我们能成功应用定理 1 并得到一个等距嵌入。假设 g 是我们想通过某个嵌入实现的 $\mathfrak{M}$ 内蕴度量。我们首先寻找一个"易受扰动的" z 嵌入，即满足"方程组（11-B8a，b）完全非奇异"的嵌入。然后，我们寻找一个满足"$g_z + g_y$ 趋近于 g"的 y 嵌入。现在仅对该 z 嵌入应用该扰动过程，目的是要影响该 z 嵌入所引入度量的变化量 $G = g - (g_z + g_y)$。

实际上，定理 1 的形式在某种程度上要求我们必须做这样的处理。该定理表明任何易受扰动的嵌入都可以实现一个足够小的度量变化 G。要利用该定理，我们须在不改变将受扰动嵌入的情况下使 G 较小，并且 G 的三阶以内导数也必须很小。因此，通过调整 y 嵌入和固定 z 嵌入来使 $G(= g - g_z - g_y)$ 很小这一点就相当重要。

度量 g_y 必须是一个正度量，因此很显然，除非 g_y 趋近的 $g - g_z$ 是一个正度量，否则我们无法利用上述方法。如果我们有一个易受扰动[也就是说，式（11-B8a，b）在这里为完全非奇异方程组]的 z 嵌入，那么我们总能通过简单改变规模（若有必要）来使 g_z 如预期的那样小，从而使 $g - g_z$ 为正。这样做不会对方程组（11-B8a，b）的奇异性或非奇异性这个相当定性的问题产生影响。

一种简化方法

在这里，我们实际用来构建 z 嵌入和 y 嵌入的方法具有某种错综复杂性，这种复杂性是因我们希望确定最终嵌入所需维数的边界，并获得一个良好边界而导致的。但若抛开对使用维数的所有担心，那么对该问题的处理可能会非常简单。因此，为了照顾那些不想被我们方法中的更复杂细节困扰的人，我们在此给出了一种更简单的方法。

可能需要满足两个引理：

引理 1　所有紧致微分流形均可以一种使方程组（11-B8a，b）完全非奇异的方式嵌入为某个欧几里得空间的解析子流形。

引理 2　任意具有正度量 C^k（$3 \leqslant k \leqslant \infty$）的紧致黎曼流形，均可被表示为欧几里得空间的某个解析子流形，从而使所引入度量及其三阶以内导数都能如期望的那样尽可能趋近特定度量。

这两个引理不会给我们提供与所需维数有关的任何提示。

通过直接构建可以很容易证明引理 1。以 $\mathfrak{M}$ 到 E^{2n} 的某个分析嵌入为例，这里 $n = \dim \mathfrak{M}$。设 v_1，v_2，$\cdots$，v_{2n} 为 E^{2n} 的坐标。于是，$2n^2 + 3n$ 个函数 v_1，v_2，$\cdots$，v_{2n}；v_1^2，v_2^2，$\cdots$，v_{2n}^2；$v_1 v_2$，$v_1 v_3$，$\cdots$，$v_2 v_3$，$\cdots$（如果它们都被用作嵌入函数的话）定义了 $\mathfrak{M}$ 在 $2n^2 + 3n$ 维空间的某个嵌入。该嵌入具有我们所需的属性，即方程组（11-B8a，b）完全非奇异。为了证明这一点，可考虑将 $v's$ 的 n 个值作为 $\mathfrak{M}$ 上某点的局部坐标［见式（11-C7）］。

通过考虑有限维趋近 $\mathfrak{M}$ 到希尔伯特空间的某个 C^k 等距嵌入，可证明引理 2；或者可利用施瓦茨（J. Schwartz）在说明引理 2 时的一个结论。若对所用嵌入函数个数不加限制的话，那么解决某个良好的度量趋近相对来说比较容易。除了在 $\mathfrak{M}$ 的某个较小邻域外，所有函数都可能为 0。

方法概述

如果精心选择 z 嵌入的话，那我们构建 y 嵌入的方法所用维数可能会最小。

因此，若 $g-g_z$ 趋近于某个良好度量 γ，则可在 n^2+3n 维内构建 y 嵌入。

首先，我们要找到一个良好度量 γ；其次，我们构建一个 z 嵌入，使 $g-g_z$ 趋近 γ（这里不包含导数）；最后，我们构建 y 嵌入，使 g_y 趋近 $g-g_z$ 及其导数。

γ 的确定

我们在构建 y 嵌入的过程中所使用的这种特殊机制需要 $\mathfrak{M}$ 上一组函数的 $\{\psi^r\}$，使对称张量集

$$M_{ij}^r = \frac{\partial \psi^r}{\partial x_i} \frac{\partial \psi^r}{\partial x_j} \qquad (11\text{-}C2)$$

在 $\mathfrak{M}$ 上的每个点均拥有由 $\left(\frac{1}{2}n^2+\frac{1}{2}n\right)$ 个线性无关张量构成的一个子集。$x_i's$ 是 $\mathfrak{M}$ 中的局部坐标。度量 γ 将是 M_{ij}^r 在 r 上的和；换言之，它会是 ψ^r 作为嵌入函数定义的嵌入所引入的度量。

我们是基于某个度量参数来构建 ψ^r 的。如果我们只设法处理代数函数及条件，那我们可以考虑代数几何学中的精确维数概念（如那些基于超越度的概念）。因此，设 $\mathfrak{A}$ 是 $\mathfrak{M}$ 在 E^α 中的某个代数表示。⊖ 如果 $\mathfrak{M}$ 具有某种分析结构（不仅仅是分析地叠加相关的局部坐标），那么 $\mathfrak{M}$ 和 $\mathfrak{A}$ 之间的映射就可能具有与 $\mathfrak{M}$ 上微分结构相同的可微性且是分析的。于是，$\mathfrak{M}$ 上的 C^k 度量变成了 $\mathfrak{A}$ 上的 C^k 度量。

我们首先来看看如何在 $\mathfrak{A}$ 上某点的邻域内找到一组具有独立性或"式(11-C2)属性"的函数。设 x_1，x_2，$\cdots$，x_n 是局部坐标，那么可看到 $\left(\frac{1}{2}n^2+\frac{1}{2}n\right)$ 个函数

$$f^{ij} = x_i + x_j, \ \text{其中} \ i \leqslant j \qquad (11\text{-}C3)$$

会很容易满足。于是，对 $\mathfrak{A}$ 上的任一点，E^α 坐标 u_1，u_2，$\cdots$，u_α 中的 n 个

⊖ 参考文献 16 证明了任意闭微分流形均有相应的代数表示。

将适合作为局部坐标。因此，$\left(\dfrac{1}{2}a^2+\dfrac{1}{2}a\right)$个函数

$$f^{\beta\delta}=u_\beta+u_\delta，\text{其中 } \beta \leqslant \delta \qquad (11\text{-}C4)$$

将完全具有"式（11-C2）属性"。但这样的函数个数比我们希望使用的多。

有必要选择合理的 ψ^r 函数个数参数，以使得在 $\mathfrak{A}$ 上的某点总是存在 $\left(\dfrac{1}{2}n^2+\dfrac{1}{2}n\right)$ 个线性无关的 M_{ij}^r，在该点，$\left(\dfrac{1}{2}n^2+\dfrac{1}{2}n\right)$ 个函数是局部良好的，所以它们会在某个 $(n-1)$ 维的子流形上失效。添加总共 $(n-1)$ 个函数应该可以将 M_{ij}^r 逐步简化为一个零维的奇异点集。于是，还需要一个函数来消除这些奇异点。因此，我们总共应需要 $\left(\dfrac{1}{2}n^2+1\dfrac{1}{2}n\right)$ 个函数。

尽管并不严格，但 $\left(\dfrac{1}{2}n^2+1\dfrac{1}{2}n\right)$ 作为函数个数参数是合适的。将 $\left(\dfrac{1}{2}n^2+1\dfrac{1}{2}n\right)$ 个函数

$$\psi^r=\sum_\beta C_\beta^r u_\beta \left[\begin{array}{l} r=1,2,\cdots,\dfrac{1}{2}n^2+1\dfrac{1}{2}n \\ \beta=1,2,\cdots,a \end{array}\right] \qquad (11\text{-}C5)$$

定义为 E^a 坐标的线性组合。我们将证明，对系数 C_β^r 的某种一般选择会自动给出一组具有预期属性的 ψ^r。设 $s=\left(\dfrac{1}{2}n^2+\dfrac{1}{2}n\right)$，那么存在 $(s+n)$ 个 ψ^r 和 $(s+n)a$ 个系数 C_β^r。

我们的维数参数基于对某个方法族（一组 ψ^r 可能无法用这些方法来定义独立的 M_{ij}^r）的分析。若这些 M_{ij}^r 在 $\mathfrak{A}$ 上某点 p 不是线性无关的，则它们位于空间 L_p 的某个子空间 H_p 内，L_p 由 p 点的所有对称张量（带两个下标）值构成。我们可能仅考虑比整个线性空间 L_p 少一维的子空间 H_p。因为 $\dim L_p=s$，$\dim H_p=s-1$，且 L_p 的子空间 H_p 构成的族其维数为 $s-1$。所以 $\mathfrak{A}$ 上所有

p 点的所有 H_p 构成的族其维数为 $n+s-1$。

对任意 r 个系数来说,可选择使 ψ^r 作为式(11-C4)中任意一个 $f^{\beta\delta}$ 函数的 $(C_1^r,\ C_2^r,\ \cdots,\ C_a^r)$。因此,对任何特定的 H_p 来说,可选择 $(C_1^r,\ C_2^r,\ \cdots,\ C_a^r)$ 使 M_{ij}^r(借助 ψ^r 来确定)不在 H_p 内。若事实不是这样,则 $f^{\beta\delta}$ 将不会具有 "式(11-C2)的属性",但我们看到它们具有该属性。因为不是确定 ψ^r 的所有常量选项都会使 M_{ij}^r 位于 H_p 内,所以可肯定的是,使 $M_{ij}^r \in H_p$ 的 $(C_1^r,\ C_2^r,\ \cdots,\ C_a^r)$ 选项族其维数不会超过 $a-1$。

很显然,因为存在确定 $(s+n)$ 个 ψ^r 函数(M_{ij}^r 由 ψ^r 确定)的 $(s+n)$ 组 α 系数,所以使所有 M_{ij}^r 位于 H_p 内的所有 C_β^r 的选项族其维数不会超过 $(s+n)(a-1)$。现在,因为所有 H_p 构成的族其维数为 $n+s-1$,所以使某个 H_p 满足"p 点上所有 M_{ij}^r 均位于 H_p 内"这一条件的 C_β^r 选项族维数最多可能为 $[(s+n)(a-1)]+[n+s-1]$。但该数为 $(s+n)a-1$,比 C_β^r 所有选项的维数少一维。因此,在使用 C_β^r 的某个一般选项时,不存在点 p 和张量子空间 H_p 使所有 M_{ij}^r 均位于 H_p 内。也就是说,ψ^r 将具有我们希望的"式(11-C2)的属性"或独立性。

关于如何选择 C_β^r 这一点可能很好理解。与 $\mathfrak{A}$ 关联的 n 维簇(可能是包含 $\mathfrak{A}$ 的最小簇)可由一组用 E^α 坐标表示的多项式方程来定义。为获得某个扩展 F,将这些方程涉及的所有系数邻接到有理数域。如果 C^β 在 F 上代数独立,则将具有预期属性[○]。显然,这是恰当选择 C_β^r 的充分非必要条件。

我们提到过"良好度量"γ 将是 M_{ij}^r 之和,因此

$$\gamma_{ij} = \sum_\gamma M_{ij}^r = \sum_\gamma \frac{\partial \psi^r}{\partial x_i} \frac{\partial \psi^r}{\partial x_j} \tag{11-C6}$$

○ 通过使用参考文献 16 所用近似多项式中的有理系数,可获得一个代数嵌入 $\mathfrak{A}$ 使定义相应簇的方程具有有理系数。那么,在不考虑 $\mathfrak{A}$ 的情况下,简单地在有理数域上选择 C_β^r 作为独立超越数足矣。

我们还提到过我们的步骤是使 $g-g_z \approx \gamma$，这意味着 $g_z \approx g-\gamma$，因此我们必定拥有正度量 $g-\gamma$。考虑到这一点，假设选择足够小的 C_β^r 使 $g-\gamma$ 为正度量。

Z 嵌入

E^{2n} 中将存在 $\mathfrak{M}$ 的一个 C^1 嵌入，该嵌入精确地实现了 $g-\gamma$ 度量[9]。我们可以考虑将其作为 $\mathfrak{A}$ 到 E^{2n} 的一个映射，并通过某个代数嵌入 $\mathfrak{B}$ 在 C^1 的意义上来近似该度量。设 g_b 是该 $\mathfrak{B}$ 嵌入所引入的度量。尽管 g_b 和 $g-\gamma$ 可能如预期的那样近似，但这一点不会扩展至导数。

设 v_1，v_2，$\cdots$，v_{2n} 是 E^{2n} 坐标。在 $\mathfrak{B}$ 的任一点上，这些坐标中的 n 个将适合于作为局部坐标，设 x_1，x_2，$\cdots$，x_n 为该子集。

现在考虑以下函数

$$z_i = x_i$$
$$z_{ij} = x_i x_j，其中 \ i \leqslant j \qquad\qquad (11\text{-}C7)$$

如果这些函数是方程组(11-B8a，b)中 z_α 的函数，则该方程组的形式将非常简单：

$$\sum_\alpha \frac{\partial z_\alpha}{\partial x_i} \dot{z}_\alpha = \dot{z}_i = 0$$

$$-2\sum_\alpha \frac{\partial^2 z_\alpha}{\partial x_i \partial x_j} \dot{z}_\alpha = -2\dot{z}_{ij} = \dot{g}_{ij}$$

对任意 $\dot{g}_{ij}$ 来说，解都是显而易见的。很明显，这是个非奇异方程组。每个线性方程均只有一个系数非零的变量(注意 $\dot{z}_\alpha$ 是变量)，并且每个方程的非零系数变量均不同。

方程组(11-B8a，b)具有以下属性：一旦获得一组 z_α 函数使该方程组非奇异，则引入新的 z_α 函数(同时引入了新的 $\dot{z}_\alpha$ 变量)只能改善这种情形。这些方程中，各 $\dot{z}_\alpha$ 变量的系数可被认为是拥有 $\left(\dfrac{1}{2}n^2 + \dfrac{1}{2}n + n\right)$ 或 $\left(\dfrac{1}{2}n^2 + 1\dfrac{1}{2}\right)n$

个分量的向量 V_α。若存在 $\left(\frac{1}{2}n^2+1\frac{1}{2}n\right)$（即 $s+n$）个线性无关的 $V'_\alpha s$，则该方程组是非奇异的。附加函数 z_α 仅引入了更多的 $V'_\alpha s$。

通过下式定义 E^{2n} 坐标的 $s+2n\left(\text{或}\frac{1}{2}n^2+1\frac{1}{2}n\right)$ 个二次函数

$$z_\alpha = \sum_{1\leqslant\beta\leqslant 2n} C_\alpha^\beta v_\beta + \sum_{1\leqslant\beta\leqslant\delta\leqslant 2n} C_\alpha^{\beta\delta} v_\beta v_\delta \qquad (11\text{-C8})$$

式中，$1\leqslant\alpha\leqslant s+2n$。通过适当选择 $C's$ 和 $D's$，我们可在 $\mathfrak{B}$ 上任一点使 z_α 包含由式(11-C7)定义且适合该点的函数。与我们在以上寻找 ψ' 的过程中所用变量完全类似的一个变量表明，$C's$ 及 $D's$ 的某个一般选择给出了使方程组(11-B8a，b)非奇异的函数 z_α。若 $C's$ 及 $D's$ 在 $\mathfrak{B}$ 的整个定义域上是代数独立的，则它们定义了令人满意的函数 z_α。

要怎样才能使 $g_z\approx g-\gamma$ 呢？如果我们选择 $C_\alpha^\alpha\approx 1$，那么除非 $\beta=\alpha$，否则我们选择所有 $D_\alpha^{\beta\delta}\approx 0$ 和 $C_\alpha^\beta\approx 0$。这使得 E^{s+2n} 上的 z 嵌入与 $\mathfrak{B}$ 近似相同，因为除了前面 $2n$ 项以及这些与 E^{2n} 坐标 v_1，v_2，$\cdots$，v_{2n} 近似的坐标外，所有 z_α 都很小。这样，$g_z\approx g_b$，且因为 $g_b\approx g-\gamma$，所以有 $g_z\approx g-\gamma$。

γ 嵌入

该嵌入是运用某种特殊方法并借助式(11-C2)中的 ψ^r 构建的。这种方法将产生一个具有度量 g_y（近似于以下形式的任意度量）的嵌入

$$g(a_1,a_2,\cdots,a_{s+n}) = \sum_r a_r M_{ij}^r \qquad (11\text{-C9})$$

式中，M_{ij}^r 为式(11-C2)中的 M_{ij}^r 且 α_r 是 $\mathfrak{M}$ 上的正分析函数（认为 $\mathfrak{M}$ 具有对应于其 $\mathfrak{A}$ 嵌入和 $\mathfrak{B}$ 嵌入函数的分析结构）。这一近似同样将适用于导数。

注意，$g(1, 1, \cdots, 1)=\gamma$。因为 M_{ij}^r 在每个点上均线性无关且 $g-g_z\approx\gamma$，所以我们必定可以在 $\mathfrak{M}$ 的任一点上将 $g-g_z$ 表示为

$$g - g_z = \sum_r \alpha_r M_{ij}^r \qquad (11\text{-C}10)$$

并且有 $|\alpha_r - 1| \leqslant \varepsilon$，这里 ε 是依赖于 $g - g_z$ 到 γ 近似闭合性的一个较小一致边界。

不过，我们可用某种一致行为来实现这一点，以使 α_r 成为 $\mathfrak{M}$ 上的连续函数吗？因为存在 $(s+n)$ 个 α_r，且 $g - g_z$ 仅有 s 个分量，所以只有 s 个方程，从而式 (11-C10) 中的 α_r 在各点上的解将不唯一。可通过消除 $\mathfrak{B}$ 部分方程组 (11-B8a, b) 冗余性的方法来消除这种冗余性。我们在这里要求 α_r 为正，所以我们明确规定：

$$\sum_r (\alpha_r - 1)^2 = \text{minimum}, \text{以式 (11-C10) 为条件} \qquad (11\text{-C}11)$$

这唯一地确定了 α_r 并使它们具有与 $g - g_z$ 相同的可微性。因为式 (11-C10) 拥有一个使 $|\alpha_r - 1| \leqslant \varepsilon$ 的解，故改造后的方程组 (11-C10，11) 其解将满足 $|\alpha_r - 1| \leqslant \varepsilon(s+n)^{\frac{1}{2}}$。假设 ε 足够小，所以 α_r 必然为正。

通过用正解析函数 a_r 来近似 α_r，我们定义了 $g(a_1, a_2, \cdots, a_{n+s})$。$a_r$ 的三阶以内导数与 α_r 的三阶以内导数必定也近似。因此，$g - g_z$ 必定为 C^3，所以 α_r 为 C^3。由于 $a_r \approx_3 \alpha_r$，所以我们将有 $g(a_1, a_2, \cdots, a_{n+s}) \approx_3 g - g_z$。

方法

本方法让人联想起构建 C^1 嵌入时所使用的一种方法。[⊖]假设 λ 为一个比较大的常量。我们将 $2(s+n)$（即 $n^2 + 3n$）个 y 嵌入函数定义如下

$$y_r = \frac{(a_r)^{\frac{1}{2}}}{\lambda} \sin(\lambda \psi^r)$$
$$\qquad (11\text{-C}12)$$
$$\bar{y}_r = \frac{(a_r)^{\frac{1}{2}}}{\lambda} \cos(\lambda \psi^r)$$

⊖ 参见参考文献 9 第 387 页方程式 (11-13)。

若这些函数被用作嵌入函数，则它们会引入度量

$$g_y = \sum_y \frac{\partial y_r}{\partial x_i} \frac{\partial y_r}{\partial x_j} + \sum_r \frac{\partial \bar{y}_r}{\partial x_i} \frac{\partial \bar{y}_r}{\partial x_j}$$

若通过替换该公式中的 y_r 和 $\bar{y}_r$ 来扩展该度量，则许多项会被抵消。包含 λ^{-1} 且成对出现的所有项其差别仅仅在于是包含 $[\sin(\lambda\psi^r)] \cdot [\cos(\lambda\psi^r)]$ 还是 $[-\cos(\lambda\psi^r)] \cdot [-\sin(\lambda\psi^r)]$，并会相互抵消。余项可通过同一性 $\sin^2 + \cos^2 = 1$ 结合，最终有

$$g_y = \sum_r a_r \frac{\partial \psi^r}{\partial x_i} \frac{\partial \psi^r}{\partial x_j} + \lambda^{-2} \sum_r \frac{\partial(a_r)}{\partial x_i} \frac{\partial(a_r)}{\partial x_j}, \text{ 或}$$

$$g_y = \sum_r a_r M_{ij}^r + \lambda^{-2} \bar{g}$$

$$= g(a_1, \cdots, a_{s+n}) + \lambda^{-2} \bar{g}$$

现在 $\bar{g}$ 是一个独立于 λ 的解析张量。通过选择非常大的 λ，可使误差 $\lambda^{-2}\bar{g}$ 及其任意数量的导数如预期那样小，因此有

$$g_y \approx_3 g(a_1, a_2, \cdots, a_{s+n}) \approx_3 g - g_z$$

这里 $\approx_3$ 表示三阶以内导数的近似，因此有 $g_y + g_z \approx_3 g$。我们需将定理 1 应用于该式，当然这要求 g 为 C^3。

总结与应用

我们使用了 $s + 2n\left(即 \frac{1}{2}n^2 + 2\frac{1}{2}n\right)$ 个 z 嵌入函数，以及 $2(s+n)$（即 $n^2 + 3n$）个 y 嵌入函数，总计为 $(3s+4n)$ 或 $\left(1\frac{1}{2}n^2 + 5\frac{1}{2}n\right)$ 个函数。z 嵌入是解析的且使 (11-B8a，b) 完全非奇异，因此可将定理 1 应用于 z 嵌入。y 嵌入也是解析的并且是可调的，因此 $g_z + g_y$ 能如预期的那样近似于 g（该近似包含三阶以内的导数）。为此，g 须为 C^3。

可设法使 z 嵌入和 y 嵌入占用的空间任意小。z 嵌入近似于 $\mathfrak{M}$ 上一个实现了度量 $g-\gamma$ 的 C^1 嵌入。由于可使一个 C^1 等距嵌入任意小（且高度扭曲），所以 z 嵌入也可以任意小。若参数 λ 非常大，则 y 嵌入非常小。

z 嵌入近似于一个 C^1 嵌入的事实，可用来防止将该流形最终嵌入 $E^{\frac{1}{2}n^2+5\frac{1}{2}n}$ 中时出现自交。由于通过调整 y 嵌入可使所需扰动量任意小，所以将该扰动过程应用于 z 嵌入时无须产生自交。

现在，我们描述将 C 部分与 B 部分定理 1 结合起来获得的结论，即我们的"主定理"。

紧致流形的嵌入

定理 2　若 $3\leqslant k\leqslant\infty$，则具有一个 C^k 正度量的 n 维紧致流形在任意小体积的 $(n/2)(3n+11)$ 维欧几里得空间都拥有一个 C^k 等距嵌入。

D 部分：非紧致流形

我们在这里的处理并非直接求解，而是利用了一种可将非紧致流形嵌入问题简化为紧致流形问题的方法。该方法给出了嵌入空间所需维数的一个较弱上界，不过这是走捷径简化到非紧致情形的代价。

一个特殊映射

我们的基本工具是 E^n 到 n 维球面 S^n 的一个 C^∞ 映射。E^n 的大部分被映射到了 S^n 的"北极"。E^n 单位圆盘的内部以某种一一对应的方式覆盖了 S^n 的余下部分。E^n 到 S^n 且具有这些属性的任意映射都将服务于我们的目的，但为了说明这一点，我们来构建这样一个映射。

以 (x, y) 平面或 E^2 为例。可通过如下步骤将该平面映射到二维球面 $\xi^2 + \eta^2 + \zeta^2 = \frac{1}{4}$：

对 $x^2 + y^2 < 1$，设

$$Q = \exp(x^2 + y^2 - 1)^{-1}$$

$$\xi = \frac{xQ}{Q^2 + x^2 + y^2}$$

$$\eta = \frac{yQ}{Q^2 + x^2 + y^2}$$

$$\zeta = \frac{1}{2} - \frac{Q^2}{Q^2 + x^2 + y^2}$$

对 $x^2 + y^2 \geqslant 1$，$\xi = \eta = 0$，$\zeta = \frac{1}{2}$

易知 ξ，η，ζ 为 ∞ 函数，因为若在 $x^2 + y^2 \geqslant 1$ 时给 Q 赋值为零，则 Q 是一个 C^∞ 函数。直接检验证明

$$\xi^2 + \eta^2 + \zeta^2 = \frac{1}{4}$$

这些方程定义了开圆盘 $x^2 + y^2 < 1$ 到该球面的一个非奇异一一映射，并消去了该球面的"北极" $\left(\xi = \eta = 0, \zeta = \frac{1}{2}\right)$。该映射可通过如下方法获得：先将该开圆盘映射到整个平面，

$$\bar{x} = x/Q$$

$$\bar{y} = y/Q$$

然后利用经典的共形映射将该平面映射到该球面（消去"北极"）。这样做的好处是，给出一个到该平面其余部分（所有不在该圆盘内部的点，都被映射到了该球面的"北极"）的 C^∞ 扩展。

补丁映射

考虑一个 n 维 C^∞ 黎曼流形 $\mathfrak{M}$（该度量无须为 C^∞，但 $\mathfrak{M}$ 具有一个 C^∞ 结构）。可认为 $\mathfrak{M}$ 中的某个局部坐标系或邻域 N 是 E^n 上单位圆盘 D 在某个 C^∞ 映射（到 $\mathfrak{M}$ 的映射）下的映像。作为一个非奇异 C^∞ 映射，该映射应是非奇异的——映射，并可扩展至 E^n 上一个包含 D 的开集合。随后，通过该 C^∞ 逆映射，可将一个包含 N 的开集合映射到包含 D 的该开集合。

为简单起见，以 S 表示该 n 维球面。我们的特殊映射将以某种 C^∞ 方式把包含 D 的任意开集合映射到 S。该映射与逆映射 $N \rightarrow D$ 共同给出了以下映射

$$N \xrightarrow{\varphi} S$$

该映射为 C^∞ 且具有一个 C^∞ 扩展，可扩展至包含 N 的某个开集合。φ 将 N 边界上或 N 以外的所有点映射到了 S 的"北极"。很显然，通过将所有其他点映射到该"北极"，可将 φ 的定义扩展至 $\mathfrak{M}$ 的所有点，φ 仍将为 C^∞。在 N 内部，映射 φ 具有非零雅可比行列式，因此 φ^{-1} 为 C^∞。φ 被称为补丁映射（patch mapping）。

对 $\mathfrak{M}$ 的适当覆盖

可用某个圆盘邻域族 N_i 来覆盖 $\mathfrak{M}$，我们可将 N_i 划分为 $(n+1)$ 类，其中没有两个 N_i 具有相同的类重叠。每个 N_i 与其他 N_i 重叠的类数量有限。

要如何构建这样一种覆盖呢？首先，获得 $\mathfrak{M}$ 的一个规则星形有限单元划分；然后，形成一个与各顶点、边、面等或者与该单元划分中的单元对应的圆盘邻域。例如，对应于某条边的各圆盘邻域覆盖了该边的中间部分，但没有覆盖该边端点。这些端点是由对应于顶点的邻域覆盖，这样就不允许任意

两条边的邻域汇合。同样的原则适用于一系列的维数，从 0 到 n 的 $(n+1)$ 维产生了 $(n+1)$ 类邻域。

我们可在每个 N_i 内选择一个稍小的圆盘邻域 $\overline{N}_i$，使 $\overline{N}_i$ 也覆盖 $\mathfrak{M}$，这些 $\overline{N}_i$ 应覆盖 D 的子圆盘（通过 D 与 N_i 之间的映射）。然后，我们可以为各 $\overline{N}_i$ 选择一个 C^∞ 函数 u_i，该函数在 $\overline{N}_i$ 内部为正，在 $\overline{N}_i$ 边界及 $\overline{N}_i$ 以外为零。可认为每个 u_i 在整个 $\mathfrak{M}$ 上都有定义且是 C^∞ 函数。

现在，如果我们定义

$$v_i = u_i / \sum_i u_i$$

该 v_i 通过 C^∞ 函数形成了某个一致性分区，每个 v_i 在相应的子邻域 $\overline{N}_i$ 内均为正，而在其他地方则为 0。

度量分配

每个 N_i 都拥有一个相关联的补丁映射

$$N_i \xrightarrow{\varphi_i} S_i$$

我们用 S_i 来区分对应 N_i 的不同 n 维球面。映射 φ_i 具有 N_i 上的一个 C^∞ 非奇异逆映射 φ_i^{-1}。

考虑 S_i 上的某个度量 γ_{i0}，这给出了 N_i 上的一个对应度量 g_{i0}。实际上，因为 g_{i0} 在 N_i 的边界上将为零，且可通过在 $\mathfrak{M}$ 的其他地方将其定义为零来进行扩展，所以可认为 g_{i0} 在整个 $\mathfrak{M}$ 上都有定义。若它在 S_i 上为 C^k，则它在 $\mathfrak{M}$ 上也为 C^k。若我们在每个 S_i 上选择一个 C^∞ 正度量 γ_{i0} 且该度量足够小，则对应度量 g_{i0} 将在 $\mathfrak{M}$ 上增加一个度量

$$g_0 = \sum_i g_{i0}$$

该度量为 C^∞ 且处处小于在 $\mathfrak{M}$ 上获得的度量 g，我们希望通过某个 $\mathfrak{M}$ 嵌入来

实现对该度量的增加。例如，作为一个微小几何球面，每个 γ_{i0} 都可能是由 E^{n+1} 中的某个 S_i 嵌入引入的度量。

现在，因为 $g - g_0$ 是一个正度量，所以

$$g_i = g_{i0} + v_i(g - g_0)$$

为正且具有和 g（如 C^k）相同的可微性。g 仅在 $\overline{N}_i$ 内与 g_{i0} 不同，映射 φ_i 在 $\overline{N}_i$ 内具有一个非奇异的逆映射 φ_i^{-1}。因此，φ_i^{-1} 将 $g_i - g_{i0}$ 作为一个 C^k 非奇异度量 $\gamma_i - \gamma_{i0}$ 带入了 S_i。也就是说，存在 S_i 上的一个 C^k 正度量 γ_i，该正度量通过 φ_i 对应于 N_i 上的度量 g_i。

考虑下面的和

$$\sum_i g_i = \sum_i g_{i0} + \left(\sum_i v_i\right)(g - g_0)$$
$$= g_0 + (g - g_0)$$
$$= g$$

度量的实现

我们在每个 S_i 上都定义了一个 C^k 度量 γ_i。假设 $3 \leqslant k \leqslant \infty$，根据定理 2，可通过 S_i 在 $E^{(n/2)(3n+11)}$ 中的某个 C^k 嵌入来实现 γ_i。我们总是可以将 S_i 的"北极"设在原点。

现在考虑 $(n+1)$ 个类之一（如 C 类）的所有 N_i。对应于每个 N_i 的 S_i 都拥有 $E^{(n/2)(3n+11)}$ 中的某个嵌入，该嵌入实现了 γ_i 并将"北极"映射到了原点，对应的补丁映射与这些嵌入一起定义了一个 $\mathfrak{M}$ 到 $E^{(n/2)(3n+11)}$ 的映射 ψ_c。该 ψ_c 为 C^∞ 且将 $\mathfrak{M}$ 的所有点（除那些在任意 C 类邻域 N_i 内的点以外）映射到了原点，这些其他点中的每一个点都只位于其中一个 N_i 内，因此我们得到了该映射的明确定义。

映射 ψ_c 引入了 $\mathfrak{M}$ 上的一个度量，该度量是与 C 类邻域 N_i 相关联的度量 g_i 之和

$$g_c = \sum_{N_i \in C} g_i$$

积映射

$$\psi = \psi_1 \times \psi_2 \times \cdots \times \psi_{n+1}$$

将 $\mathfrak{M}$ 映射到了 $(n+1)(n/2)(3n+11)$ 维空间并且也为 C^k。它如我们预期的那样引入了度量

$$g = \sum_c g_c$$

若 $\mathfrak{M}$ 在 ψ 下的映像没有自交，则它是一个等距嵌入，它在任何情况下都是一个 C^k 等距浸入。

避免自交

利用"可尽可能小地实现 S_i 等距嵌入"这个事实能避免自交。设 α_i 是 $\overline{N}_i$ 上某点被 φ_i 和 S_i 嵌入映射到 $E^{1\frac{1}{2}n^2 + 5\frac{1}{2}n}$ 之后与原点之间的最短距离。设 β_i 是 $\overline{N}_i$ 上的点被映射到 $E^{1\frac{1}{2}n^2 + 5\frac{1}{2}n}$ 以后与原点之间的最大距离，考虑将 i 作为一系列连续索引值 1，2，3，…。现在，我们需要为避免自交做的就是设法按 i 的递增顺序嵌入 S_i，以使得对所有 i 均有

$$\beta_i < \min_{j < i} \alpha_j$$

为什么仅有该式就足够了呢？首先，在某个公共邻域 N_i 内，$\mathfrak{M}$ 上的任意两点都是通过 S_i 嵌入来区分的。因此，我们只需考虑位于完全不同的两个邻域集中的点对。在这种情况下，其中一个点将位于某个子邻域 $\overline{N}_i$ 内，其索引值比另一个点所在子邻域的索引值低。于是，考虑到与 N_i 相关联的 $\left(1\frac{1}{2}n^2 + 5\frac{1}{2}n\right)$ 个坐标构

成的集合，该点可能要比另外一点离原点更远。

结论

我们的定理是：

定理 3　任何具有 C^k（$3 \leqslant k \leqslant \infty$）正度量的 n 维黎曼流形均拥有一个 $\left(1\frac{1}{2}n^3 + 7n^2 + 5\frac{1}{2}n\right)$ 维空间的 C^k 等距嵌入；事实上，对该空间的任意微小部分而言均是如此。

参考文献

1. C. F. Gauss, Disquisitiones generales circa superfices curvas, Werke IV, 1827.
2. B. Riemann, *Über die hypotesen welche der geometrie zugrunde liegen*, Gött. Abh., 13 (1868), pp. 1–20.
3. L. Schlaefli, *Nota alla memoria del. Sig. Beltrami, Sugli spazii di curvatura constante*, Ann. di mat., 2ᵉ serie, 5 (1871–1873), pp. 170–93.
4. D. Hilbert, *Ueber flächen von constanter Gausscher krümmung*, Trans. Amer. Math. Soc., 2 (1901), pp. 87–99.
5. C. Tompkins, *Isometric embedding of flat manifolds in Euclidean space*, Duke Math. J., 5 (1939), pp. 58–61.
6. S. S. Chern and N. H. Kuiper, *Some theorems on the isometric imbedding of compact Riemann manifolds in Euclidean space*, Ann. of Math., 56 (1952), pp. 422–30.
7. M. Janet, *Sur la possibilité de plonger un espace riemannien donné dans un espace euclidien*, Annales de la société polonaise de mathématique, 5 (1926), pp. 38–43.
8. E. Cartan, *Sur la possibilité de plonger un espace riemannien donné dans un espace euclidien*, Annals de la société polonaise de mathématique, 6 (1927), pp. 1–7.
9. J. Nash, C^1 *isometric imbeddings*, Ann. of Math., 60 (1954), pp. 383–96.
10. N. H. Kuiper, *On* C^1 *isometric imbeddings*, Proc. Kon. Ac. Wet. Amsterdam A 58 (Indigationes Mathematicae), no. 4 (1955), pp. 545–56.
11. H. Weyl, *Über die bestimmung einer geschlossenen konvexen fläche durch ihr linienelement*, Vierteljahrsschrift der naturforschender Gesellschaft, Zurich, 61 (1916), pp. 40–72.
12. H. Lewy, *On the existence of a closed convex surface realizing a given Riemannian metric*, Proc. Nat. Acad. Sci. U.S.A., 24, No. 2 (1938), pp. 104–6.

13. A. D. Alexandrov, Intrinsic geometry of convex surfaces, OGIZ, Moscow-Leningrad, 1948.

14. A. V. Pogorelov, Deformation of convex surfaces, Gosudarstv. Izdat. Tehn.-Teor. Lit., Moscow-Leningrad, 1951. (Also see later papers of Alexandrov and Pogorelov.)

15. Louis Nirenberg, *The Weyl and Minkowski problems in differential geometry in the large*, Comm. Pure Appl. Math., 6 (1953), pp. 337–94.

16. J. Nash, *Real algebraic manifolds*, Ann. of Math., 56 (1952), pp. 405–21.

17. Danilo Blanuša, *Über die Einbettung hyperbolischer Räume in euklidische Räume*, Monatshefte für Mathematik, 59 Band, 3 Heft (1955), pp. 217–29.

作者对《黎曼流形的嵌入问题》的说明

1998 年 6 月，索洛维（R. M. Solovay）教授通过电子邮件告诉我，我的论文《黎曼流形的嵌入问题》的最后一部分（D 部分）存在一个论点错误。在 1998 年稍晚时，我把与该错误有关的一份参考资料（erratum. txt）放到了我的个人主页上。

令人颇感意外的是，实际上在这之前似乎没有读者发现这个错误！

至于对该错误进行修正的问题，我认为"要对非紧致流形做哪些处理"这整个问题已经因米哈伊尔·格罗莫夫的贡献而改变。格罗莫夫方法的本质是获得了针对非紧致流形嵌入（和紧致流形嵌入有相同的维数要求）的结论。

因此，为了确保避免自交以及结论绝对是一个嵌入而不仅仅是一个浸入，对我原来在 D 部分中的论点进行"修补"就显得不太合适。我断言，这可能无须要求更高的维数（相对于我为该有缺陷论点指定的维数）即可解决。但是，最好是继续格罗莫夫的研究，并因此使所需维数降低更多。

关于格罗莫夫的研究，《偏微分关系》（柏林：斯普林格出版社，1986）一书是个不错的参考。

第 12 章

The Essential John Nash

抛物线方程与椭圆方程解的连续性

（1958 年 5 月 26 日收到）

约翰 F. 纳什

引言

非线性偏微分方程的成功求解一般依赖于控制方程解行为的"先验"估计。这些估计本身是与可变系数线性方程有关的定理，而且能为可能的方程解类型提供某种紧致性，诸如此类的紧致性对迭代或定点技术（如 Schauder-Leray 方法）来说是必需的。另外，先验估计可能确立广义解的连续性或平滑性，而且最强估计无须做出与系数连续性相关的定量假设，即可提供与方程解连续性有关的定量信息。

双独立变量非线性椭圆方程理论发展得相当好（要了解这方面的概况及参考书目请见参考文献 1）。该理论最重要的一部分是莫里（Morrey）于 1938 年率先提出的均匀椭圆方程解 Hölder 连续性先验估计。用来获得该估计的所有方法对两个维度来说一直都很特别，例如，这些方法利用了复杂性分析和准共形映射（见参考文献 2）。此类特殊方法的使用对两个变量产生了约束，除关键先验估计外，该理论可扩展（已在很大程度上实现）至 n 维及抛物线方程。我们的结论填补了这一空白，现在构建非线性抛物线方程和椭圆方程的一般性理论应不再受维度限制。严格来讲，要覆盖包含低阶项的方程、方程组等，还需要对我们的研究做某种泛化。完成这种泛化的速度很可能相当快。

本章考虑了形如下式的线性抛物线方程

$$\sum_{i,j} \partial \left[C_{ij}(x_1, x_2, \cdots, x_n, t) \, \partial T / \partial x_j \right] / \partial x_i = \partial T / \partial t, \text{ 或}$$

$$\nabla \cdot (C(x, t) \cdot \nabla T) = T_t \tag{12-1}$$

式中，C_{ij} 构成了每个点 x 及时刻 t 的一个对称实矩阵 $C(x, t)$。我们假设 C 的特征值存在统一边界 $c_2 \geqslant c_1 > 0$，使任意特征值 θ_v 均满足 $c_1 \leqslant \theta_v \leqslant c_2$，这就是标准的"均匀椭圆率"假设。对在 $t \geqslant t_0$ 上定义且满足 $|T| \leqslant B$ 的式（12-1），其某个解 $T(x, t)$ 的连续估计为

$$|T(x_1, t_1) - T(x_2, t_2)|$$

$$\leqslant BA \left\{ \left[|x_1 - x_2| / (t_1 - t_0)^{\frac{1}{2}} \right]^\alpha \right.$$

$$\left. + \left[(t_2 - t_1) / (t_1 - t_0) \right]^{\frac{1}{2}\alpha/(1+\alpha)} \right\} \tag{12-2}$$

式中，$t_2 \geqslant t_1 > t_0$。这里 A 和 α 都是仅依赖于 c_1、c_2 及空间维度 n 的先验常量。作为抛物线方程结论的一个必然推论，我们获得了椭圆方程解的某种连续估计。如果 $T(x)$ 在区域 R 内满足 $\nabla \cdot (C(x) \cdot \nabla T) = 0$，且 $C(x)$ 的特征值受到相同边界 c_1 和 c_2 的约束，那么

$$|T(x_1) - T(x_2)| \leqslant BA'(|x_1 - x_2| / d(x_1, x_2))^{\alpha/(1+\alpha)} \tag{12-3}$$

式中，α 即式（12-2）中的 α；A' 是某个先验常量 $A'(n, c_1, c_2)$；在 R 内有 $|T| \leqslant B$；$d(x_1, x_2)$ 为点 x_1 和点 x_2 到边界 R 距离的较小值。

本章包含 6 个部分，各部分均以获得自身具有重大意义的某个结论结束。本章包含参考文献 14 中给出的详细证明及所有结论。本章附录对狄利克雷（Dirichlet）问题边界的连续性、哈纳克（Harnack）不等式及其他结论等进一步的研究成果做了描述，但只是描述而并未给出详细证明。

总述

与任何其他数学领域中的开放问题相比，非线性偏微分方程领域中的开放问题与应用数学及科学的总体关系可能更为密切，而且这一领域似乎为快速发展做好了准备。不过，必须采用新方法这一点是非常明确的。我们不仅希望本章能以这种方式做出重大贡献，而且还希望在我们之前的论文（见参考文献 10）中采用的新方法能发挥作用。

关于黏稠、可压缩及导热流体的一般流动方程，其解的存在性、唯一性和平滑度鲜为人知，这些方程构成了一个非线性抛物线方程组。同样，对流体（气体）的这种连续体描述与实际更为有效的统计力学描述之间的关系，也并没有得到很好地理解（见参考文献 11、12 和 13）。我们之所以开展这项工作，是因为我们对这些问题颇感兴趣。很显然，不能处理非线性抛物线方程的话，对一般流体流动的连续体描述就无从谈起；反过来，这需要像式（12-2）那样进行连续性先验估计。

应首先尝试证明的可能是流动方程的条件存在及唯一性定理。这一证明将以不出现某些毛奇点类型（如无限高的温度或密度）为条件，给出流动方程的存在性、平滑度，以及用时间表示的唯一连续性。例如，会聚的球面冲击波可能产生毛奇点。此类研究结果将帮助弄清楚湍流问题。

尽管这里所用的方法受到了物理直觉的启发，但数学阐述习惯往往隐匿了这一自然基础。扩散、布朗运动以及热或电荷的流动都为理解抛物线方程提供了帮助。而且，我们认为抛物线方程似乎要比椭圆方程更为自然。抛物线方程理论在原则上确实是将椭圆方程视为一个特例，而且在应用中，椭圆方程往往是作为某个系统（一般用某个抛物线方程来描述）的稳态描述出现的。

我们的研究发现，二维和三维之间没有任何区别。只有在一维时，情况才会得到简化。关键结论似乎是时刻边界[见式(12-13)]，它为获得其他结论创造了条件。我们必须努力获得式(12-13)，然后才会随之很快获得其他结论。

我们非常感谢与本研究有关的以下个人及机构：贝尔斯（Bers）、贝林（Beurling）、布劳德（Browder）、卡勒松（Carleson）、莱克斯（Lax）、莱文森（Levinson）、莫里（Morrey）、纽曼（Newman）、尼伦伯格（Nirenberg）、斯坦（Stein）、维纳（Wiener），以及阿尔弗雷德斯隆基金会、麻省理工学院高级研究所、纽约大学和美国海军研究办公室。

第 I 部分：时刻边界

我们已经了解得足够多：对形如式(12-1)的可变系数线性抛物线方程而言，如果对 C_{ij} 做出很强的定性约束并对所考虑的解类型进行限制，就可确保良好行为解的存在（见参考文献 3～7）。因此我们假设：（1）$C_{ij}(i, j)$ 一致地趋近于 C^∞；（2）对 $|x| \geqslant r_0$ 上的某个大常数，有 $C_{ij} = \sqrt{c_1 c_2}\, \delta_{ij}$（克罗内克函数）。对定义了解的每个 t 而言，我们只考虑以 x 为界的解 $T(x, t)$，即 $\max |T(x, t)|$ 是有限的。

根据这些限制，对在某个初始时刻 t_0 给定的 x，任意有界可度量函数 $T(x, t_0)$，均确定了 $t \geqslant t_0$ 上的一个唯一连续解 $T(x, t)$ 及 $t > t_0$ 上的 C^∞。此外，当 $t \to t_{0_z}$ 且 $\max_x |T(x, t)|$ 不随 t 递增时，$T(x, t) \to T(x, t_0)$ 几乎总是成立。同样已知的是，以下所讨论的基础解存在且具有我们所描述的一般特征（见参考文献 4 和 7）。

在确立先验结果之后，通过求极限可以解除对 C_{ij} 的约束，这是运用先验估计的一种标准方法。式(12-2)表示的赫尔德连续性使得解族具有同等连续性并强制了一个连续极限（广义）解的存在。此外，极大值原理仍然有效，并且根据该原理，在空间中有界的解具有独特的连续性。最终结论仅要求 C_{ij} 是可度量的及均匀椭圆率条件，因此先验估计适用于广义解。

基础解的使用对形如式(12-1)的方程非常有帮助。我们的研究是围绕逐步控制基础解属性以及与基础解相关的大部分结论构建的。一个基础解 $T(x，t)$ 拥有一个"源点"x_0 和"起始时刻"t_0，且在 $t>t_0$ 上被定义并为正。此外，对任何 $t>t_0$，有 $\int t(x，t)\mathrm{d}x=1$，其中 $\mathrm{d}x$ 为 n 维空间中的微元。当 $t\rightarrow t_0$ 时，该基础解集中在源点周围；除非 $x=x_0$，否则 $T(x，t)$ 的极限为 0，在 $x=x_0$ 这种情况下，$T(x，t)$ 的极限为 ∞。从根本上来讲，一个基础解表示从各微元在时刻 t_0 和点 x_0 的初始单位质量浓度扩散的某种扩散物浓度。

可以很方便地用一个"表征函数"$S(x，t，\bar{x}，\bar{t})$ 来一致地表示所有基础解。对固定不变的 $\bar{x}$ 和 $\bar{t}$ 以及 x 和 t 的某个函数来说，S 都是一个形如式(12-1)且具有源点 $\bar{x}$ 和起始时刻 $\bar{t}$ 的基础解。另一方面，对 x 和 t 来说，S 是伴随方程 $\nabla_{\bar{x}}\cdot[C(\bar{x}，t)\cdot\nabla_{\bar{x}}S]=-\partial S/\partial\bar{t}$ 的一个基础解，这里的时间是向后倒转。这种双重性使我们能用两种方法来估计与 S 有关的基础解。

这种有界解 $T(x，t)$ 对有界初始数据 $T(x，t_0)$ 的依赖性可通过 S 表示为

$$T(x;t)\int S(x,t,\bar{x},t_0)T(\bar{x},t_0)\mathrm{d}\bar{x} \tag{12-4}$$

特别地，

$$S(x_2,t_2,x_0,t_0)\int S(x_2,t_2,x_1,t_1)S(x_1,t_1,x_0,t_0)\mathrm{d}x_1 \tag{12-5}$$

这些是标准关系。式(12-5)揭示了基础解的再生性。

现在考虑一个源点在原点、起始时刻为零的特殊基础解 $T=T(x，t)=S(x，t，0，0)$。设

$$E = \int T^2 \, \mathrm{d}x$$

那么通过分部积分

$$E_t = 2\int TT_t \, \mathrm{d}x = 2\int T\nabla \cdot (C \cdot \nabla T) \, \mathrm{d}x = -2\int \nabla T \cdot C \cdot \nabla T \, \mathrm{d}x$$

对任意向量 V，我们有 $c_1 |V|^2 \leqslant V \cdot C \cdot V \leqslant c_2 |V|^2$，因此

$$-E_t \geqslant 2c_1 \int |\nabla T|^2 \, \mathrm{d}x \tag{12-6}$$

根据式(12-6)以及用 E 表示的 $\int |\nabla T|^2 \, \mathrm{d}x$ 的一个下界，我们将可以确定

上述 E 的边界并获得我们的第一个先验估计。为了确定 $\int |\nabla T|^2 \, \mathrm{d}x$ 的边界，我

们采用了一个对任意 n 维空间函数 $u(x)$ 均有效的一般不等式。为了我们的目

的，我们假设 u 是平滑的且在无穷大处表现良好。斯坦(Stein)为我们给出了

以下快速证明。

$u(x)$ 的傅里叶变换为

$$v(y) = 2(\pi)^{-n/2} \int e^{ix \cdot y} u(x) \, \mathrm{d}x$$

该式具有类似的属性

$$\int |v|^2 \, \mathrm{d}y = \int |u|^2 \, \mathrm{d}x$$

将 $\partial u / \partial x_k$ 变换为 $iy_k v$，故

$$\int |\partial u / \partial x_k|^2 \, \mathrm{d}x = \int y_k^2 |v|^2 \, \mathrm{d}y$$

和

$$\int |\nabla u|^2 \, \mathrm{d}x = \sum_k \int (\partial u / \partial x_k)^2 \, \mathrm{d}x = \int |y|^2 |v|^2 \, \mathrm{d}y$$

最后，

$$|v| \leqslant (2\pi)^{-n/2} \int |e^{ix \cdot y}| \cdot |u| \, \mathrm{d}x = (2\pi)^{-n/2} \int |u| \, \mathrm{d}x$$

因此，对任意 $\rho > 0$，我们有

$$\int_{|y| \leqslant \rho} |v|^2 \, \mathrm{d}y \leqslant (\pi^{n/2} \rho^n / (n/2)!) \left\{ (2\pi)^{-n/2} \int |u| \, \mathrm{d}x \right\}^2 \qquad (12\text{-}6\mathrm{a})$$

利用该公式可求某个 n 维空间的体积。另一方面

$$\int_{|y| > \rho} |v|^2 \, \mathrm{d}y \leqslant \int_{|y| > \rho} |y/\rho|^2 |v|^2 \, \mathrm{d}y = \rho^{-2} \int |\nabla u|^2 \, \mathrm{d}x \qquad (12\text{-}6\mathrm{b})$$

如果我们选择使式(12-a)和式(12-b)两个边界之和最小的 ρ 值，则我们可获得一个用 $\int |u| \, \mathrm{d}x$ 和 $\int |\nabla u|^2 \, \mathrm{d}x$ 表示的 $\int |v|^2 \, \mathrm{d}y = \int |u|^2 \, \mathrm{d}x$ 的边界。对 $\int |\nabla u|^2 \, \mathrm{d}x$ 求解，有

$$\int |\nabla u|^2 \, \mathrm{d}x \geqslant (4\pi n / (n+2)) \big[(n/2)! / (1 + n/2) \big]^{2/n}$$

$$\left[\int |u| \, \mathrm{d}x \right]^{-4/n} \left[\int |u|^2 \, \mathrm{d}x \right]^{1+2/n}$$

对上述不等式应用 $u = T$，记住 $\int T \, \mathrm{d}x = 1$，由式(12-6)可得

$$-E_t \geqslant kE^{1+2/n}$$

这是首次使用一个约定，即我们现在确定 k 是仅依赖于 n，c_1，c_2 的一个先验常量通用符号。k 的任意两个实例应被认为是不同的常量。因此，根据上述不等式，有 $(E^{-2/n})_t \geqslant k$，故 $E^{-2/n} \geqslant kt$ 和

$$E \leqslant kt^{-n/2} \qquad (12\text{-}7)$$

我们利用了上述定性论据 $\lim_{t \to 0} E = \infty$。

根据第一个边界[见式(12-7)]以及同一性[见式(12-5)]，我们有

$$T(x,t) = \int S(x,t,\bar{x},t/2) S(\bar{x},t/2,0,0) \, \mathrm{d}\bar{x}$$

因为

$$(T(x,t))^2 \leqslant \int [S(x,t,\bar{x},t/2)]^2 \, \mathrm{d}\bar{x} \cdot \int [S(\bar{x},t/2,0,0)]^2 \, \mathrm{d}\bar{x}$$

$$\leqslant [k(t/2)^{-n/2}]^2$$

因此

$$T \leqslant kt^{-n/2} \tag{12-8}$$

该式是一个强于式(12-7)的点态边界。

该关键估计控制了一个基础解"时刻"

$$M = \int rT\mathrm{d}x = \int |x|T\mathrm{d}x$$

证明 $M \leqslant kt^{\frac{1}{2}}$ 是我们的首要目标，这是 M 边界在量纲上的唯一可能形式。时刻边界对本章接下来的部分极为重要。

我们还定义了一个"熵"

$$Q = -\int T \log T\mathrm{d}x \tag{12-9}$$

由式(12-8)可得

$$Q \geqslant \int \min_x[-\log T](T\mathrm{d}x) \geqslant -\log(kt^{-n/2}) \int T\mathrm{d}x$$

因此，根据 $\int T\mathrm{d}x = 1$，有

$$Q \geqslant \pm k + \frac{1}{2}n \log t \tag{12-10}$$

这一显而易见的结果 $Q \geqslant \frac{1}{2}n \log(4\pi ec_1 t)$，可由一个更复杂的参数获得。

我们对 M 边界的推导要求将"用 Q 表示 M 的一个下界"作为一个引理。该不等式 $M \geqslant ke^{Q/n}$ 仅依赖于事实 $T \geqslant 0$，$\int T\mathrm{d}x = 1$。首先观察到，对任意固定的 λ，有

$$\min_T(T \log T + \lambda T) = -e^{-\lambda-1}$$

设 $\lambda = ar + b$，其中 $r = |x|$ 且 a 和 b 均为任意常量，在空间上积分，有

$$\int [T \log T + (ar+b)T]\mathrm{d}x \geqslant e^{-b-1} \int e^{-ar}\mathrm{d}x$$

或

$$-Q + aM + b \geqslant - e^{-b-1} a^{-n} D_n$$

式中，D_n 是与伽马函数及 $(n-1)$ 维球形曲面相关的已知常量 $2^n \pi^{\frac{1}{2}(n-1)}$ $\left[\frac{1}{2}(n-1) \right]!$。现在设 $a = n/M$ 及 $e^{-b} = (e/D_n) \cdot a^n$。于是，$-Q + n + b \geqslant -1$ 或 $n + 1 \geqslant Q + \log(n/D_n) + \log(n/M)$，因此，$n \log M + n \geqslant Q + n \log n - \log D_n$，最后

$$M \geqslant (n/e \, D_n^{1/n}) e^{Q/n} = k e^{Q/n} \tag{12-11}$$

该巧妙证明给出了一个最优常量，这要归功于卡尔森（L. Carleson）。

下一个不等式是一个"动态"不等式，与随时刻 M 及 Q 的变化率有关。在分部积分后，对式(12-9)微分，有

$$Q_t = -\int (1 + \log T) T_t \, \mathrm{d}t = -\int (1 + \log T) \nabla \cdot (C \cdot \nabla T) \mathrm{d}x$$

$$= \int \nabla (\log T) \cdot C \cdot \nabla T \mathrm{d}x$$

可将该式重写为

$$Q_t = \int \nabla (\log T) \cdot C \cdot \nabla (\log T)(T \mathrm{d}x)$$

因为一般来讲 $V \cdot c_2 C \cdot V \geqslant V \cdot C^2 \cdot V = |C \cdot V|^2$，其中 V 为一个向量，所以我们有

$$c_2 Q_t \geqslant \int |C \cdot \nabla (\log T)|^2 (T \mathrm{d}x) \geqslant \left[\int |C \cdot \nabla \log T| (T \mathrm{d}x) \right]^2$$

$$\geqslant \left[\int |C \cdot \nabla T| \mathrm{d}x \right]^2$$

这里我们使用了形如 $\int_0^1 f^2 \, \mathrm{d}u \geqslant \left[\int_0^2 f \mathrm{d}u \right]^2$ 的施瓦茨不等式，$\mathrm{d}u$ 对应于 $T \mathrm{d}x$。

通过类似处理，

$$M_t = -\int \nabla_r \cdot C \cdot \nabla T \mathrm{d}x \; \text{及} \; |M_t| \leqslant \int |\nabla_r| |C \cdot \nabla T| \mathrm{d}x$$

因此

$$|M_t| \leqslant \int |C \cdot \nabla T| \, dx$$

结合不等式，

$$c_2 Q_t \geqslant (M_t)^2 \qquad\qquad (12\text{-}12)$$

这个不等式很强大。Q 的定义与为获得式(12-12)时的定义一致。

作为时间函数，以下三个不等式

$$Q \geqslant \pm k + \frac{1}{2} n \log t \qquad\qquad (12\text{-}10)$$

$$M \geqslant k e^{Q/n} \qquad\qquad (12\text{-}11)$$

$$c_2 Q_t \geqslant (M_t)^2 \qquad\qquad (12\text{-}12)$$

与定性事实：$t \to 0$，$\lim M = 0$，它们自身就足以以 M 和 Q 作为上界和下界。无须进一步参考微分方程。

由 $M(0) = 0$ 及式(12-12)，

$$M \leqslant \int_0^t (c_2 Q_t)^{\frac{1}{2}} \, dt$$

由此

$$k e^{Q/n} \leqslant M \leqslant \int_0^t (c_2 Q_t)^{\frac{1}{2}} \, dt$$

现在以一种 $R \geqslant 0$ 的方式定义对应于式(12-10)的 $nR = \mp k - \frac{1}{2} n \log t$。于是 $Q_t = nR_t + n/2t$，所以可得

$$k t^{\frac{1}{2}} e^R \leqslant M \leqslant (nc_2)^{\frac{1}{2}} \int_0^t (1/2t + R_t)^{\frac{1}{2}} \, dt$$

若 a 和 b 均为正且 $(a+b)^{\frac{1}{2}} \leqslant a^{\frac{1}{2}} + b/2a^{\frac{1}{2}}$，则

$$\int_0^t (1/2t + R_t)^{\frac{1}{2}} \, dt \leqslant \int_0^t (1/2t)^{\frac{1}{2}} \, dt + \int_0^t (t/2)^{\frac{1}{2}} R_t \, dt$$

$$\leqslant (2t)^{\frac{1}{2}} + R(t/2)^{\frac{1}{2}} - \int_0^t R/(8t)^{\frac{1}{2}}\,dt \leqslant (2t)^{\frac{1}{2}} + R(t/2)^{\frac{1}{2}}$$

这里我们使用了分部积分法并在第二步和第三步中利用了 $R \geqslant 0$。应用该结果，

$$kt^{\frac{1}{2}} e^R \leqslant kM \leqslant (2t)^{\frac{1}{2}} + R(t/2)^{\frac{1}{2}}$$

或

$$ke^R \leqslant kM/t^{\frac{1}{2}} \leqslant 2^{\frac{1}{2}}\left(1 + \frac{1}{2}R\right)$$

很显然，ke^R 在 R 中比在 $2^{\frac{1}{2}}\left(1 + \frac{1}{2}R\right)$ 中增加得更快一些，故必为上界。所以，$M/t^{\frac{1}{2}}$ 既是上界又是下界：

$$kt^{\frac{1}{2}} \leqslant M \leqslant kt^{\frac{1}{2}} \tag{12-13}$$

若我们在式 (12-10) 和式 (12-11) 中使用最优常量，则可得

$$b_n (2c_1 nt)^{\frac{1}{2}} \leqslant M \leqslant (2c_2 nt)^{\frac{1}{2}}\left[1 + \min(\lambda,(\lambda/2)^{\frac{1}{2}})\right]$$

其中

$$b_n = (n/2t)^{\frac{1}{2}}\left\{\pi^{\frac{1}{2}}\Big/\left[\frac{1}{2}(n-1)\right]!\right\}^{1/n} \geqslant 2^{-1/2n}$$

和

$$\lambda = \frac{1}{2}\log(c_2/c_1) - \log b_n \leqslant (1/2n)\log 2 + \frac{1}{2}\log(c_2/c_1)$$

故 λ 相对较小。因为 $n \to \infty$ 时有 $b_n \to 1$，故边界随着 n 的增加而加强。实际上，这些边界的加强有些令人意外。比较简单热方程（其中 $C_{ij} = c\delta_{ij}$ 及 $c_1 = c_2 = c$）中的 $M = (2nct)^{\frac{1}{2}}$。

第Ⅱ部分：G 边界

某个基础解在其源点附近的一个大空间体中可能非常小，我们在此得到的

结论限制了该基础解非常小的范围。根据该结论，我们可以证明：两个具有邻近源点且起始相同的基础解之间存在着由 $\int \min(T_1, T_2)\mathrm{d}x$ 定义的某种重叠。

设 T 为 $S(x, t, 0, 0)$ 及

$$U(\xi, t) = t^{n/2} T(t^{\frac{1}{2}}\xi, t) \tag{12-14}$$

该坐标变换和重整化使 $\int U\mathrm{d}\xi = 1$，其中 $\mathrm{d}\xi$ 为微元。此外，若 μ 是使 $M \leqslant \mu t^{\frac{1}{2}}$ 的常量，则我们有 $\int |\xi| U\mathrm{d}\xi \leqslant \mu$。对 U 而言，式(12-1)变为

$$2tU_t = nU + \xi \cdot \nabla U + 2 \nabla \cdot (C \cdot \nabla U) \tag{12-15}$$

设

$$G = \int \exp(-|\xi|^2)\log(U+\delta)\mathrm{d}\xi \tag{12-16}$$

式中，δ 是一个小的正常量。G 对 $|\xi|$ 不太大的区域比较敏感且 U 较小，这些往往使 G 为强否定的。我们稍后将获得 G 的形如下式的一个下界

$$G \geqslant -k(-\log\delta)^{\frac{1}{2}}$$

该下界对于足够小的 δ 来说是有效的。在 $|\xi|$ 不太大的大部分区域内，该下界限制了 U 很小的可能性。由 $U > 0$，立即可得弱下界 $G > \pi^{n/2}\log\delta$。

对式(12-16)求时间的微分并利用式(12-15)，可得

$$2tG_t = H_1 + H_2 + H_3$$

其中

$$H_1 = n\int \exp(-|\xi|^2)U/(U+\delta)\mathrm{d}\xi \geqslant 0$$

$$H_2 = \int \exp(-|\xi|^2)\xi \cdot \nabla\log(U+\delta)\mathrm{d}\xi$$

$$= -\int \nabla \cdot [\exp(-|\xi|^2)\xi]\log(U+\delta)\mathrm{d}\xi$$

由分部积分，有

$$H_2 = -\int \exp(-|\xi|^2)(\nabla \cdot \xi)\log(U+\delta)\mathrm{d}\xi$$

$$+ \int \exp(-|\xi|^2)(2|\xi|\nabla|\xi|) \cdot \xi\log(U+\delta)\mathrm{d}\xi$$

$$= -nG + 2\int \exp(-|\xi|^2)|\xi|^2[\log\delta + \log(1+U/\delta)]\mathrm{d}\xi$$

因此

$$H_2 \geqslant -nG + 2\log\delta\int|\xi|^2\exp(-|\xi|^2)\mathrm{d}\xi \geqslant -nG + n\pi^{n/2}\log\delta$$

最后

$$H_3 = 2\int \exp(-|\xi|^2)\,\nabla \cdot (C \cdot \nabla U)/(u+\delta)\mathrm{d}\xi$$

$$= -2\int \nabla[\exp(-|\xi|^2)/(U+\delta)] \cdot C \cdot \nabla U\mathrm{d}\xi$$

$$= 4\int (\exp(-|\xi|^2)[|\xi|\nabla|\xi| \cdot C \cdot \nabla U]/(U+\delta)\mathrm{d}\xi$$

$$+ 2\int \exp(-|\xi|^2)[\nabla U \cdot C \cdot \nabla U]/(U+\delta)^2\mathrm{d}\xi$$

$$= H_3' + H_3''$$

其中

$$H_3' = 4\int \exp(-|\xi|^2)\xi \cdot C \cdot \nabla\log(U+\delta)\mathrm{d}\xi$$

$$H_3'' = 2\int \exp(-|\xi|^2)\,\nabla\log(U+\delta) \cdot C \cdot \nabla\log(U+\delta)\mathrm{d}\xi$$

由施瓦茨不等式，有

$$(H_3')^2 \leqslant \left\{4\int \exp(-|\xi|^2)\xi \cdot C \cdot \xi\,\mathrm{d}\xi\right\}$$

$$\times \left\{4\int \exp(-|\xi|^2)\,\nabla\log(U+\delta) \cdot C \cdot \nabla\log(U+\delta)\mathrm{d}\xi\right\}$$

$$\leqslant \left\{4c_2\int|\xi|^2\exp(-|\xi|^2)\mathrm{d}\xi\right\}2H_3''$$

$$\leqslant \left(4c_2 \cdot \frac{1}{2}n\pi^{\frac{1}{2}n}\right) \cdot 2H_3'' = 4nc_2\pi^{\frac{1}{2}n}H_3''$$

The Essential John Nash

因此

$$|H_3'| \leqslant k(H_3'')^{\frac{1}{2}}$$

此外，

$$H_3'' \geqslant 2c_1 \int \exp(-|\xi|^2) |\nabla \log(U+\delta)|^2 \mathrm{d}\xi \qquad (12\text{-}17)$$

结合 H_1、H_2 和 H_3 的可用下界，可得

$$2tG_t \geqslant H_1 + H_2 + H_3'' - |H_3'| \qquad (12\text{-}18)$$

$$\geqslant 0 + (-nG + n\pi^{\frac{1}{2}n}\log\delta) + H_3'' - k(H_3'')^{\frac{1}{2}}$$

$$\geqslant k \log \delta - nG - k(H_3'')^{\frac{1}{2}} + H_3''$$

如果我们以 G 来表示下面一行中 H_3'' 的边界，则式（12-18）将产生一个与 G 有关的下界。

函数 $f(\xi) = f(\xi_1, \xi_2, \cdots, \xi_n)$ 可用形如 $\prod H_{v(i)}(\xi_i)$ 的埃尔米特（Hermite）多项式积来扩展。为了使 $\int_{-\infty}^{+\infty} \exp(-s^2) H_v(s) H_\lambda(s) \mathrm{d}s = \delta_{v\lambda}$，对其中的多项式进行了定义和正交归一化处理。由 $\mathrm{d}H_v(s)/\mathrm{d}s = (2v)^{\frac{1}{2}} H_{v-1}(s)$ 获得的同一性以及类似扩展（如对 $\partial f/\partial \xi$ 的扩展）中的这些积的系数，十分简单地依赖于 f 扩展中的系数。如果 $\int \exp(-|\xi|^2) f \mathrm{d}\xi = 0$，则 $\prod H_0(\xi_i)$ 为零，且我们有

$$\int \exp(-|\xi|^2) |\nabla f|^2 \mathrm{d}\xi = \sum \int \exp(-|\xi|^2) (\partial f/\partial \xi_i)^2 \mathrm{d}\xi$$

$$\geqslant 2\int \exp(-|\xi|^2) f^2 \mathrm{d}\xi$$

将上式及 $f = \log(U+\delta) - \pi^{-n/2}G$ 应用于式（12-17），可得

$$H_3'' \geqslant 4c_1 \int \exp(-|\xi|^2) [\log(U+\delta) - \pi^{-n/2}G]^2 \mathrm{d}\xi \qquad (12\text{-}19)$$

相较于很小的 U 而言，与式（12-19）中被积函数有关的量 $U^{-1}[\log(U+\delta) - \pi^{-n/2}G]^2$ 很大，随后降为零，再然后由零增加至局部极大值（$U=U_c$），并且最

终在 $U \geqslant U_c$ 且 $U \to \infty$ 时单调递减（我们知道 $\log\delta - \pi^{-n/2}G < 0$）。极大值点 U_c 处的方程为 $\log(U_c + \delta) - \pi^{-n/2}G = 2U_c/(U_c + \delta)$，由该方程可知 $U_c < U_0 = \exp(2 + \pi^{-n/2}G)$，因此我们所讨论的该量在 $U \geqslant U_0$ 时递减。边界 $T \leqslant kt^{-n/2}$［见式(12-8)］对应于 $U \leqslant k$。故该量在 $U \geqslant U_0$ 时具有形如 $k[\log(k+\delta) - kG]^2$ 的下界。将其应用于式(12-19)，我们有

$$H_3'' \geqslant 4c_1 \int \exp(-|\xi|^2) k[\log(k+\delta) - kG]^2 U^* \, \mathrm{d}\xi$$

式中，$U^* = U(U > U_0)$ 及 $U^* = 0(U \leqslant U_0)$。因此，我们将忽略区域 $U \leqslant U_0$ 对式(12-19)的贡献，并在剩下的区域内取最坏情形（即 U 尽可能大）。对足够负的 G 而言，在略去 δ 的情况下，表达式 $\log(k+\delta) - kG$ 仍将为正，故 $[\log k - kG]^2 < [\log(k+\delta) - kG]^2$，并且我们可将上述关于 H_3'' 的不等式简化为

$$H_3'' \geqslant (k - kG)^2 \int \exp(-|\xi|^2) U^* \, \mathrm{d}\xi \tag{12-20}$$

设 $\lambda = \int U^* \, \mathrm{d}\xi$，并且观察到 $\int |\xi| U^* \, \mathrm{d}\xi \leqslant \int |\xi| U \mathrm{d}\xi \leqslant \mu$。因此

$$\mu \geqslant \int_{|\xi| \geqslant 2\mu/\lambda} |\xi| U^* \, \mathrm{d}\xi \geqslant (2\mu/\lambda) \int_{|\xi| \geqslant 2\mu/\lambda} U^* \, \mathrm{d}\xi$$

所以

$$\int_{|\xi| \geqslant 2\mu/\lambda} U^* \, \mathrm{d}\xi \geqslant \frac{1}{2}\lambda, \text{ 所以}$$

$$\int_{|\xi| \geqslant 2\mu/\lambda} U^* \, \mathrm{d}\xi \geqslant \lambda - \frac{1}{2}\lambda = \frac{1}{2}\lambda$$

将该结果应用于式(12-20)可得

$$H_3'' \geqslant (k - kG)^2 \cdot \exp(-(2\mu/\lambda)^2)\left(\frac{1}{2}\lambda\right) \tag{12-21}$$

除非我们以 λ 为下界或 $\int \hat{U} \mathrm{d}\xi = 1 - \lambda$ 为上界，否则该式是无效的；另外，除非 $U \leqslant U_0$（在这种情况下，$\hat{U} = U$），否则这里 $\hat{U} = U - U^*$ 使 $\hat{U} = 0$。当然我们

知道，因为 $\hat{U} \leqslant U$，所以有 $\int |\xi| \hat{U} d\xi \leqslant \mu$。在时刻约束和 $\hat{U} \leqslant U_0$ 约束下，$\int \hat{U} d\xi$

的极大值显然可通过 $\hat{U} = U_0 (|\xi| \leqslant \rho)$ 以及 $\hat{U} = 0 (\xi > \rho)$ 获得，其中 ρ 使得

$$\int |\xi| \hat{U} d\xi = \int |\xi| \hat{U}_0 d\xi = [n\pi^{n/2}/(n+1)(n/2)!] \rho^{n+1} U_0 = \mu$$

这使得

$$1 - \lambda = \int \hat{U} d\xi = [\pi^{n/2}/(n/2)!] \rho^n U_0$$

$$1 - \lambda \leqslant U_0 (k\mu U_0)^{n/(n+1)} \quad \text{或} \quad 1 - \lambda \leqslant k U_0^{1/(n+1)}$$

若 $U_0 = \exp(2 + \pi^{-n/2} G)$ 足够小，则 $1 - \lambda$ 很小且 λ 为下界。因此，对所有足

够大的 $-G$，有 $\lambda \geqslant \dfrac{1}{2}$。现在由式(12-21)，对足够大的 $-G$，我们有

$$H_3'' \geqslant (k - kG)^2$$

返回控制 G_t 的不等式(12-18)并应用上述结果，对足够负的 G，我们有

$$2dG/d(\log t) = 2tG_t \geqslant -nG + k\log\delta + (k - kG)^2 - k(k - kG)$$

$$\geqslant k |G|^2 + k\log\delta \tag{12-22}$$

设 $G_1(c_1, c_2, n)$ 是这样一个数，使得 $G \leqslant G_1$ 时，G 足够小且使式(12-22)有效。

设 $G_2(c_1, c_2, n, \delta) = -k(-\log\delta)^{\frac{1}{2}}$ 是使 $k|G|^2 + k\log\delta > 0$ 对所有 $G < G_2$ 成立的

最大数。于是，$\min(G_1, G_2) = G_3$ 是 G 的可能最小值。如果有 $G(t_1) = G_3 - \varepsilon$，则

对所有 $t \leqslant t_1$，将有 $dG/d(\log t) \geqslant \varepsilon^*$，因此 $G(t) \leqslant G(t_1) - \varepsilon^* \log(t_1/t)$，这表明当

$t \to 0$ 时，有 $G \to -\infty$。但因为 $G \geqslant \pi^{n/2} \log\delta$，所以假设 $G(t_1) = G_3 - \varepsilon$ 不成立。

我们的结论是 $G \geqslant G_3$ 或

$$G \geqslant -k(-\log\delta)^{\frac{1}{2}} \tag{12-23}$$

因为 $G_2 \leqslant G_1$ 且 δ 足够小时，有

$$G_3 = G_2 = -k(-\log\delta)^{\frac{1}{2}}$$

所以式(12-23)对所有足够小的 δ 值均成立。

第Ⅲ部分：重叠估计

设 T_1 和 T_2 是两个带有近源的基础解 $S(x,\ t,\ x_1,\ 0)$ 和 $S(x,\ t,\ x_2,\ 0)$。变换坐标，定义 $U_1=t^{n/2}T_1(t^{\frac{1}{2}}\xi,\ t)$ 和 $U_1=t^{n/2}T_2(t^{\frac{1}{2}}\xi,\ t)$。设 $\xi_1=x_1/t^{\frac{1}{2}}$ 和 $\xi_2=x_2/t^{\frac{1}{2}}$，这里（重整化）基础解 U_1 的源是 ξ_i 而非原点，在第Ⅱ部分中，原点是 U 的源。考虑到这一点并应用式(12-23)，可得

$$\int \exp(-\,|\xi-\xi_i|^2)\log(U_i+\delta)\mathrm{d}\xi=G_i\geqslant -\,k(-\log\delta)^{\frac{1}{2}}$$

式中，$i=1$ 或 2 且 δ 需足够小。将上述不等式相加可得

$$\int \max_i[\exp(-\,|\xi-\xi_i|)^2]\max[\log(U_i+\delta)]\mathrm{d}\xi+$$

$$\int \min_i[\exp(-\,|\xi-\xi_i|)^2]\min[\log(U_i+\delta)]\mathrm{d}\xi\geqslant -\,2k(-\log\delta)^{\frac{1}{2}}$$

在该式中，我们用至少与原始积分之和相等的和形成了两个积分，上式可简写为

$$\int f^*\log(U_{\max}+\delta)\mathrm{d}\xi+\int \hat{f}\log(U_{\min}+\delta)\mathrm{d}\xi\geqslant -\,k(-\log\delta)^{\frac{1}{2}}$$

对第一个积分，可观察到（假设 $\delta\leqslant 1$）

$$\int f^*\log(U_{\max}+\delta)\mathrm{d}\xi\leqslant \int f^*(U_1+U_2)\mathrm{d}\xi$$

$$\leqslant \int (U_1+U_2)\mathrm{d}\xi=2$$

对第二个积分，

$$\int \hat{f}\log(U_{\min}+\delta)\mathrm{d}\xi\leqslant \log\delta\int \hat{f}\mathrm{d}\xi+\max[\hat{f}]\int \log(1+U_{\min}/\delta)\mathrm{d}\xi$$

$$\leqslant w\log\delta+\delta^{-1}\int U_{\min}\mathrm{d}\xi$$

其中

$$w = \int \min[\exp(- \mid \xi - \xi_1 \mid^2), \exp(- \mid \xi - \xi_2 \mid^2)] \mathrm{d}\xi$$

因此有

$$2 + w\log\delta + \delta^{-1}\int \min(U_1, U_2)\mathrm{d}\xi \geqslant - k(-\log\delta)^{\frac{1}{2}}$$

或

$$\int \min(T_1, T_2)\mathrm{d}x = \int \min(U_1, U_2)\mathrm{d}\xi$$

$$\geqslant \delta \left[-2 - w\log\delta - k(-\log\delta)^{\frac{1}{2}} \right] \qquad (12\text{-}24)$$

这对足够小的 δ 来说是有效的，如 $\delta \leqslant \delta_1$。同样，存在某个值 $\delta_2(w)$，使得当 $\delta <$ $\delta_2(w)$ 时，中括号内的表达式为正。如果设 $\delta = \frac{1}{2}\min(\delta_1, \delta_2)$，则式(12-24)右边项肯定为正，并且因为 w 是 $\mid\xi_1-\xi_2\mid$ 的某个函数，所以可以断定

$$\int \min(T_1, T_2)\mathrm{d}x \geqslant \phi(\mid \xi_1 - \xi_2 \mid) \geqslant \phi(\mid x_1 - x_2 \mid / t^{\frac{1}{2}}) \qquad (12\text{-}25)$$

函数 ϕ 是递减的但恒为正，它是一个仅由 c_1，c_2 和 n 确定的先验函数。不等式(12-25)是第一个基础解重叠估计，该估计的弱点在于对函数 ϕ 了解甚少。

第Ⅳ部分：空间连续性

迭代使用式(12-25)，可获得一个严格不等式。观察

$$\frac{1}{2}\int \mid T_1 - T_2 \mid \mathrm{d}x = \frac{1}{2}\int [T_1 + T_2 - 2\min(T_1, T_2)] \mathrm{d}x$$

$$\leqslant 1 = \phi(\mid x_1 - x_2 \mid / t^{\frac{1}{2}}) = \psi(\mid x_1 - x_2 \mid / t^{\frac{1}{2}}) \qquad (12\text{-}26)$$

在该式中定义了函数 ψ，该函数递增且恒小于 1。

设 $T_a = \max(T_1 - T_2, 0)$ 和 $T_b = \max(T_2 - T_1, 0)$ 使得

$$T_a + T_b = |T_1 - T_2| \ \text{及} \int (T_a - T_b) \mathrm{d}x = \int (T_1 - T_2) \mathrm{d}x = 0$$

那么

$$\int T_a \mathrm{d}x = \int T_b \mathrm{d}x = A(t) = \frac{1}{2} \int |T_1 - T_2| \mathrm{d}x \leqslant \psi(|x_1 - x_2|/t^{\frac{1}{2}})$$

同时定义了 $A(t)$，设

$$\chi(x, \overline{x}, t) = T_a(x) T_b(\overline{x})/A(t)$$

设 $T_a^*(x', t', t)$ 是用 x' 和 t' 表示，在 $t' \geqslant t$ 上定义的式(12-1)的有界解并且拥有初始值 $T_a^*(x, t, t) = T_a(x, t)$。类似地，定义 T_a^*。于是根据叠加原理（$T_1 - T_2$ 和 $T_a^* - T_b^*$ 都是式(12-1)在 $t' \geqslant t$ 时的解，并且按照定义，在 $t' = t$ 时有 $T_a^* - T_b^* = T_1 - T_2$），并由式(12-4)，有

$$T_a^*(x', t', t) = \int S(x', t', x, t) T_a(x, t) \mathrm{d}x$$

$$= \iint S(x', t', x, t) \chi(x, \overline{x}, t) \mathrm{d}x \mathrm{d}\overline{x}$$

及

$$T_1(x', t') - T_2(x', t') = T_a^* - T_b^*$$

$$= \iint [(x', t', x, t) - S(x', t', \overline{x}, t)] \chi(x, \overline{x}, t) \mathrm{d}x \mathrm{d}\overline{x}$$

对该式在 $\mathrm{d}x'$ 上积分，可得

$$\frac{1}{2} \int |T_1(x', t') - T_2(x', t')| \mathrm{d}x'$$

$$\leqslant \iiint |S(x', t', x, t) - S(x', t', \overline{x}, t)| \mathrm{d}x' \chi(x, \overline{x}, t) \mathrm{d}x \mathrm{d}\overline{x}$$

因此，应用式(12-29)，有

$$A(t') \leqslant \iint \psi(|x - \overline{x}|/(t' - t)^{\frac{1}{2}}) \chi(x, \overline{x}, t) \mathrm{d}x \mathrm{d}\overline{x} \qquad (12\text{-}27)$$

顺便提一下，上式右边项

$$\leqslant \iint \chi(x,\bar{x},t)\mathrm{d}x\mathrm{d}\bar{x} = A(t)$$

因此，$t'\geqslant t$ 时有 $A(t')\leqslant A(t)$。不等式(12-27)对于增强式(12-25)和式(12-26)的迭代论证而言很关键。

为开始迭代论证，选择任意具体的数 d 并设 $\varepsilon = \phi(d) = 1-\psi(d)$。如果设法得到与式(12-2)中的指数 α 有关的一个显式公式，那将会选择与 $\phi(d)$ 的某个显式公式有关的 d，以获得最优结果。设 $\sigma = 1-\varepsilon/4$。对每个整数 v，设 t_v（如果存在的话）是 $A(t) = A(t_v) = \sigma^v$ 时的时刻（或最小时刻），这参考了一个具体的基础解对 T_1 和 T_2。例如，我们知道 $t_1 < \tau$，其中 $\tau = |x_1-x_2|^2/d^2$，因为 $A(r)\leqslant\psi(|x_1-x_2|/\tau^{\frac{1}{2}}) = \psi(d) = 1-\varepsilon$ 及 $\sigma = 1-\varepsilon/4 > 1-\varepsilon$，故 $A(\tau) < A(t_1) = \sigma$。

设 $M_a(t) = \int |x-x_0| T_a \mathrm{d}x$，其中 x_0 是连接基础解 T_1 和 T_2 的源点 x_1 和 x_2 的线段的中点，即 $x_0 = \frac{1}{2}(x_1+x_2)$。类似地，定义 M_b，并设 $M_v = \max[M_a(t_v), M_b(t_v)]$。我们按如下方式将每个 t_v 时刻的 T_a 分解成较近和较远的部分 T'_a 和 $T_a - T'_a$：对 $|x-x_0|\leqslant 2\sigma^{-v}M_v$，定义 $T'_a = T_a$；其他情况则定义 $T'_a = 0$。于是，

$$2\sigma^{-v}M_v\int(T_a - T'_a)\mathrm{d}x \leqslant \int |x-x_0|(T_a - T'_a)\mathrm{d}x \leqslant \int |x-x_0| T_a \mathrm{d}x \leqslant M_v，$$

因此有 $\int(T_a - T'_a)\mathrm{d}x \leqslant \frac{1}{2}\sigma^v$ 及 $\int T'_a \mathrm{d}x \geqslant \frac{1}{2}\sigma^v$。类似地，定义 T'_b，并定义 $\chi'_v(x,\bar{x}) = \sigma^{-v}T'_a(x)T'_b(\bar{x})$。现在，当 $t = t_v$ 时应用式(12-27)，有

$$A(t')\leqslant \iint \psi(|x-\bar{x}|)/(t'-t_v)^{\frac{1}{2}}[\{\chi(x,\bar{x},t_v) - \chi'_v(x,\bar{x})\} + \chi'_v(x,\bar{x})] + \mathrm{d}x\mathrm{d}\bar{x}$$

$$\leqslant \iint \{\chi - \chi'_v\}\mathrm{d}x\mathrm{d}\bar{x} + \psi(4\sigma^{-v}M_v/(t'-t_v)^{\frac{1}{2}})\iint \chi'_v \mathrm{d}x\mathrm{d}\bar{x}$$

因为，如果 $\chi'_v > 0$，则 $T'_a > 0$ 及 $T'_b > 0$，使 $|x-x_0|$ 及 $|\bar{x}-x_0|$ 均 $\leqslant 2\sigma^{-v}M_v$，因此 $|x-\bar{x}|\leqslant 4\sigma^{-v}M_v$，并且我们还知道 $\chi\geqslant\chi'_v$ 及 $\psi < 1$。进一步处理，有

$$A(t') \leqslant \iint \chi \mathrm{d}x \mathrm{d}\overline{x} - \left[1 - \psi(4\sigma^{-v}M_v/(t'-t_v)^{\frac{1}{2}})\right] \iint \chi_v' \mathrm{d}x \mathrm{d}\overline{x}$$

$$\leqslant \sigma^v - \left[1 - \psi\right]\sigma^{-v} \int T_a' \mathrm{d}x \int T_b' \mathrm{d}x$$

$$\leqslant \sigma^v - \left[1 - \psi\right]\sigma^{-v}(\sigma^v/2)^2$$

$$\leqslant \sigma^v \left[3/4 + 1/4\psi(4\sigma^{-v}M_v/(t'-t_v)^{\frac{1}{2}})\right]$$

现在设 $t' = t_v + 16\sigma^{-2v}(M_v)^2 d^{-2}$，上述变量 ψ 变成 d。那么，由于 $\psi(d) = 1 - \varepsilon$，故可得

$$A(t') \leqslant \sigma^v \left[3/4 + 1/4(1-\varepsilon)\right] = \sigma^v(1-\varepsilon/4) = \sigma^{v+1}$$

因此

$$t_{v+1} \leqslant t' = t_v + 16\sigma^{-2v}(M_v)^2 d^{-2} \qquad (12\text{-}28)$$

在获得时刻序列 $\{M_v\}$ 的边界后，该式将给出时间序列 $\{t_v\}$ 的边界。

观察

$$T_a(x',t') = \max(T_1(x',t') - T_2(x',t'),0)$$

$$= \max(T_a^*(x',t',t) - T_b^*(x',t',t),0) \leqslant T_a^*(x',t',t)$$

$$= \int S(x',t',x,t) T_a(x,t) \mathrm{d}x$$

因此

$$M_a(t') = \int |x' - x_0| T_a(x',t') \mathrm{d}x'$$

$$\leqslant \iint \left[|x'-x| + |x-x_0|\right] S(x',t',x,t) T_a(x,t) \mathrm{d}x \mathrm{d}x'$$

所以

$$M_a(t') \leqslant \int |x - x_0| T_a(x,t) \int S(x',t',x,t) \mathrm{d}x' \mathrm{d}x$$

$$+ \int T_a(x,t) \int |x' - x| S(x',t',x,t) \mathrm{d}x' \mathrm{d}x$$

或

$$M_a(t') \leqslant \int |x-x_0| T_a(x,t)\mathrm{d}x + \mu(t'-t)^{\frac{1}{2}}\int T_a(x,t)\mathrm{d}x$$

$$\leqslant M_a(t) + A(t)_\mu(t'-t)^{\frac{1}{2}}$$

现在设 t 和 t' 为 t_v 和 t_{v+1}，使用类似的估计来估计 M_b 并定义 $M_v = \max(M_a(t_v),$ $M_b(t_v)$），由式(12-28)可得

$$M_{v+1} \leqslant M_v + \sigma^v \mu(t_{v+1}-t_v)^{\frac{1}{2}}$$

$$\leqslant M_v + \sigma^v \mu((16\sigma^{-2v}(M_v)^2 d^{-2})^{\frac{1}{2}} \leqslant M_v(1+4\mu/d)$$

现在 $t_0=0$，并且因为 $t\to 0$ 时，T_1 和 T_2 集中在 x_1 和 x_2，以及由 $x_0=\frac{1}{2}(x_1+x_2)$

可知 $|x_1-x_0|=|x_2-x_0|=\frac{1}{2}|x_1-x_2|$，故 $M_0=M_a(t_0)=M_b(t_0)=\frac{1}{2}|x_1-x_2|$。

因此有

$$M_v \leqslant \frac{1}{2}|x_1-x_2|(1+4\mu/d)^v$$

结合该式及式(12-28)，可得序列 $\{t_v\}$ 的边界：

$$t_{v+1} \leqslant t_v + 16\sigma^{-2v}\left[\frac{1}{2}|x_1-x_2|(1+4\mu/d)^v\right]^2 d^{-2}$$

因此

$$t_{v+1} \leqslant 4d^{-2}|x_1-x_2|^2 \sum_{\lambda=0}^{v}\left[(1+4\mu/d)/\sigma)\right]^{2\lambda}$$

将该几何级数相加，

$$t_v/|x_1-x_2|^2 \leqslant 4d^{-2}\left\{\frac{(\sigma^{-2}(1+4\mu/d))^{2v+2}}{[\sigma^{-2}(1+4\mu/d)-1]}\right\} \equiv \zeta\eta^v (\zeta,\eta \text{ 的定义})$$

现在对任意时刻 t，定义 $v(t)$ 要么为 0，要么为使下式成立的整数（若该整数存在的话）

$$\zeta\eta^{v(t)} \leqslant t/|x_1-x_2|^2 < \zeta\eta^{v(t)+1}$$

于是 $t_{v(t)} \leqslant t$ 且 $A(t) \leqslant A(t_{v(t)}) = \sigma^{v(t)}$。此外，

$$v(t) \geqslant (\log(t/\zeta|x_1 - x_2|^2)/\log\eta) - 1$$

根据这些观察，可得出结论

$$\sigma^{v(t)} \leqslant \sigma^{-1}\exp[(\log\sigma/\log\eta)\log(t/\zeta|x_1 - x_2|^2)]$$

因此

$$A(t) \leqslant \sigma^{-1}(t/\zeta|x_1 - x_2|^2)^{\log\sigma/\log\eta}$$

或

$$\frac{1}{2}\int|T_1 - T_2|\,dx \leqslant \sigma^{-1}\zeta^{\alpha/2}(|x_1 - x_2|/t^{\frac{1}{2}})^\alpha$$

式中，$\frac{1}{2}\alpha = -\log\sigma/\log\eta$。$\alpha$ 和 η 均由 d 确定，特别地，$\sigma = 1 - \frac{1}{4}\phi(d)$ 及 $\eta = [\sigma^{-2}(1 + 4\mu/d)]^2$。与 $\phi(d)$ 有关的 d 最优选择将使 α 取最大值。我们可以任意地选择 d(如 $d^2 = c_1$)，这会使 α 成为 μ 和 c_2/c_1 的一个函数(证明略)。在任何情况下(即使我们取 $d=1$)，都可获得估计

$$\int|S(x,t,x_1,x_0) - S(x,t,x_2,t_0)| \leqslant A_1(|x_1 - x_2|/(t - t_0)^{\frac{1}{2}})^\alpha \tag{12-29}$$

其中，A_1 和 α 是仅依赖于 n，c_1 和 c_2 的先验常量。此外，对双伴随方程，

$$\int|S(x_1,t,x_0,t_0) - S(x_2,t,x_0,t_0)|\,dx_0 \leqslant A_1(|x_1 - x_2|/(t - t_0)^{\frac{1}{2}})^\alpha \tag{12-30}$$

通过式(12-30)，获得了式(12-1)有界解空间中的连续性估计。若 $T(x, t)$ 满足式(12-1)，且 $t \geqslant t_0$ 时，有 $|T| \geqslant B$，那么

$$|T(x_1,t) - T(x_2,t)| \leqslant \left|\int[S(x_1,t,x_0,t) - S(x_2,t,x_0,t_0)]T(x_0,t_0)\,dx_0\right|$$

$$\leqslant B\int|S(x_1,t,x_0,t_0) - S(x_2,t,x_0,t_0)|\,dx_0$$

因此

$$|T(x_1,t) - T(x_2,t)| \leqslant BA_1(|x_1 - x_2|/(t - t_0)^{\frac{1}{2}})^\alpha \tag{12-31}$$

第 V 部分：时间连续性

式(12-31)给出了式(12-2)的一半，剩下的时间连续性部分可由式(12-31)和时刻边界(12-13)推导得到。设 $T(x,t)$ 是式(12-1)的某个解，且 $t \geqslant t_0$ 时有 $|T| \leqslant B$。因为 $\int S\mathrm{d}\overline{x} = 1$，那么对 $t' > t > t_0$，有

$$T(x,t) - T(x,t') = T(x,t) - \int S(x,t',\overline{x},t)T(\overline{x},t)\mathrm{d}\overline{x}$$

$$= \int S(x,t',\overline{x},t)[T(x,t) - T(\overline{x},t)]\mathrm{d}\overline{x}$$

因此

$$|T(x,t) - T(x,t')| \leqslant \int S(x,t',\overline{x},t)|T(x,t) - T(\overline{x},t)|\mathrm{d}\overline{x}$$

$$\leqslant \int S(x,t',x+y,t)|T(x,t) - T(x+y,t)|\mathrm{d}y$$

现在以某个半径 ρ 将该积分分为两部分：一部分为 $|y| \leqslant \rho$；另一部分为 $|y| > \rho$。因此，$|T(x,\ t) - T(x,\ t')| \leqslant I_1 + I_2$，其中

$$I_1 = \int_{|y| \leqslant \rho} S(x,t',x+y,t)|T(x,t) - T(x+y,t)|\mathrm{d}y$$

$$\leqslant BA_1(\rho/(t-t_0)^{\frac{1}{2}})^{\alpha} \left(因 \int S\mathrm{d}y = 1\right)，且$$

$$I_2 = \int_{|y| > \rho} S(x,t',x+y,t)|T(x,t) - T(x+y,t)|\mathrm{d}y$$

$$\leqslant 2B\rho^{-1}\int_{|y| > \rho}|y|S(x,t',x+y,t)\mathrm{d}y \leqslant 2B\mu(t'-t)^{\frac{1}{2}}\rho$$

将这两个不等式相加，

$$|T(x,t) - T(x,t')| \leqslant BA_1(\rho/(t-t_0)^{\frac{1}{2}})^{\alpha} + 2B\mu(t'-t)^{\frac{1}{2}}/\rho$$

如果选择某个 ρ 使该和取最小值，那么

$$\alpha A_1 \rho^{1+\alpha} = 2\mu (t'-t)^{\frac{1}{2}} (t-t_0)^{\frac{1}{2}\alpha}$$

并且可得

$$|T(x,t) - T(x,t')| \leqslant BA_2 [(t'-t)/(t-t_0)]^{\frac{1}{2}\alpha/(1+\alpha)} \tag{12-32}$$

式中，$A_2 = (1+\alpha)A_1 (2\mu/\alpha A_1)^{\alpha/(1+\alpha)}$。该结果式(12-32)与式(12-31)结合可得到式(12-2)，$A = \max(A_1, A_2)$。

第 Ⅵ 部分：椭圆问题

我们将椭圆问题作为抛物线问题的一个特例来处理，在抛物线问题中，方程系数是时间独立的且可获得一个时间独立解。形如 $\nabla \cdot (C \cdot \nabla T) = 0$ 的均匀椭圆方程解的赫尔德连续性，对抛物线情形来说似乎是一个必然结论。可能存在对式(12-3)结论的另一个证明。加拉贝迪安(P. R. Garabedian)从伦敦寄来的信中提到德乔治的一份手稿包含了这样一个结论(见参考文献 9)。

设 $\mathfrak{D}$ 是由约束条件 $|x| \leqslant \sigma$ 及 $t \geqslant 0$ 定义的某个时空域，那么 $\mathfrak{D}$ 是一个实心半无穷球形柱体。用 $\mathfrak{B}$ 表示该柱体表面或 $\mathfrak{D}$ 边界上的点，其中 $|x| = \sigma$。设 $\mathfrak{D}_0$ 为 $\mathfrak{D}$ 基础区中的点，其中 $t = 0$。将 $\mathfrak{B}^*$ 定义为 $\mathfrak{D}$ 的总体边界，即该基础区和柱体表面的并集 $\mathfrak{B} \cup \mathfrak{D}_0$。

若在 $\mathfrak{B}^*$ 上指定 T 的值，则将提出一个"狄利克雷抛物线边界值问题"，并且当我们在 $\mathfrak{B}$ 上假设这些特定值时，我们要求得到式(12-1)在 $\mathfrak{D}$ 中的一个解。该问题的解必定线性地依赖于这些边界值，此外，最大最小值原理必定适用。这些事实要求按以下方式确定解 $T(x, t)$：

$$T(x,t) = \int T(\xi) \mathrm{d}\rho(\xi; x, t) \tag{12-33}$$

式中，(x, t) 是 $\mathfrak{D}$ 中某点，ξ 是 $\mathfrak{B}^*$ 上任意一点；$\mathrm{d}\rho(\xi; x, t)$ 是与 ξ 关联的

一个正度量，该正度量有 $\int \mathrm{d}\rho = 1$，并在 $g(\xi) > t$ 时为零。用 $t(\xi)$ 和 $x(\xi)$ 表示点 ξ 的时空坐标。我们不能在此展开对式(12-33)的详细证明，但建议读者参考相关文献。

我们可定义如下的一个边界值问题：若 $t_0 < 0$，则通过设定 $T(\xi) = S(x(\xi)$，$t(\xi)$，x_0，$t_0)$，则可提前知道解。于是，该问题的解为 $S(x(\xi)$，$t(\xi)$，x_0，$t_0)$，并且由式(12-33)有

$$S(x,t,x_0,t_0) = \int S(x(\xi),t(\xi),x_0,t_0)\mathrm{d}\rho(\xi;x,t) \tag{12-34}$$

该同一性十分强大，它使我们能将基础解信息转换为与 $\mathrm{d}\rho$ 有关的信息，特别地，我们可获得 $\mathrm{d}\rho$ 的一个时刻边界。将式(12-34)乘 $|x - x_0|$ 并积分，有

$$\int |x - x_0| S(x,t,x_0,t_0)\mathrm{d}x_0 = \iint |x - x_0| S(x(\xi),t(\xi),x_0,t_0)\mathrm{d}\rho\mathrm{d}x_0$$

因此

$$\mu(t - t_0)^{\frac{1}{2}} \geqslant \iint \{ |(x - x(\xi)| - |x_0 - x(\xi)| \} S(x(\xi),t(\xi),x_0,t)\mathrm{d}\rho\mathrm{d}x_0$$

所以

$$\mu(t - t_0)^{\frac{1}{2}} + \iint |x_0 - x(\xi)| S(x(\xi),t(\xi),x_0,t_0)\mathrm{d}x_0\,\mathrm{d}\rho$$

$$\geqslant \int |x - x(\xi)| \int S(x(\xi),t(\xi),x_0,t_0)\mathrm{d}x_0\,\mathrm{d}\rho$$

因为 $\int S\mathrm{d}x_0 = 1$，再次利用时刻边界[见式(12-13)]，可得

$$\mu(t - t_0)^{\frac{1}{2}} + \int \mu(t(\xi) - t_0)^{\frac{1}{2}}\mathrm{d}\rho \geqslant \int |x - x(\xi)|\mathrm{d}\rho$$

现在，除非 $t(\xi) \leqslant t_0$ 并且 t_0，能如预期的那样趋近于零，否则 $\mathrm{d}\rho$ 为零；同样，$\int \mathrm{d}\rho = 1$。因此，我们可将上式简化为

$$2\mu t^{\frac{1}{2}} \geqslant \int |x - x(\xi)|\mathrm{d}\rho(\xi;x,t) \tag{12-35}$$

$\mathrm{d}\rho$ 的时刻边界[见式(12-38)]使我们可在确定 $T(x,\ t)$ 的过程中控制两部分边界作用的相对大小，其中 $(x,\ t)$ 在 $\mathfrak{D}$ 内。那么

$$\int |x - x(\xi)| \, \mathrm{d}\rho \geqslant \int ||x| - |x(\xi)|| \, \mathrm{d}\rho \geqslant (\sigma - |x|) \int_{\mathfrak{B}} \mathrm{d}\rho$$

因此

$$\int_{\mathfrak{B}} \mathrm{d}\rho(\xi; x, t) \leqslant 2\mu t^{\frac{1}{2}} / (\sigma - |x|) \tag{12-36}$$

现在设 $T(x)$ 是 n 维空间 $\nabla \cdot (C(x) \cdot \nabla T) = 0$ 中某个区域 $\mathfrak{R}$ 内的解，其中 $C(x)$ 满足具有边界 c_1 和 c_2 的均匀椭圆条件。如果引入时间并定义 $T(x,\ t) = T(x)$，则 $T(x,\ t)$ 满足 $\nabla \cdot (C \cdot \nabla T) = T_t$，这具有式(12-1)的形式。设 x_1 和 x_2 是 $\mathfrak{R}$ 内的两个点，并设 $\mathrm{d}(x_1,\ x_2)$ 是 x_1 和 x_2 到 $\mathfrak{R}$ 边界的两个距离 $\mathrm{d}(x_1)$ 和 $\mathrm{d}(x_2)$ 中的较小者(当然，$\mathrm{d}(x_1,\ x_2)$ 可能为 ∞)。对任意 $\sigma < \mathrm{d}(x_1,\ x_2)$，可定义 $\mathfrak{D}_1$ 为满足 $|x - x_1| \leqslant \sigma$ 及 $t \geqslant 0$ 的时空中的点 $(x,\ t)$ 集合；同样，可为 x_2 定义 $\mathfrak{D}_2$，并可用显式方式定义边界 $\mathfrak{B}_1$ 和 $\mathfrak{B}_2$。可认为 $T(x,\ t)$ 为 $\mathfrak{D}_1$ 或 $\mathfrak{D}_2$ 中的某个抛物线边界值问题的解。通过设置 $T'(x,\ 0) = T(x)$ 对所有满足 $\min(|x - x_1|,\ |x - x_2|) \leqslant \sigma$ 的 x 均成立(即 $T'(x,\ t) = T(x)$ 在 $(x,\ t) \in \mathfrak{D}_{10} \bigcup \mathfrak{D}_{20}$ 时成立)，并通过设置 $T'(x,\ 0) = 0$ 对所有其他 x 值均成立，我们可在一开始就将与解 $T'(x,\ t)$ 有关的另一个问题定义为整个空间的某个初始值问题。如果 $B(\sigma) = \max |T(x)|$ 在满足 $\min(|x - x_1|,\ |x - x_2|) \leqslant \sigma$ 的 x 值集上成立，则 $|T'(x,\ 0)| \leqslant B(\sigma)$。此外，根据最大值原理，对所有 $t \geqslant 0$，解 $T'(x,\ t)$ 满足 $|T'| \leqslant B(\sigma)$。我们也可将 $T'(x,\ t)$ 视为 $\mathfrak{D}_1$ 或 $\mathfrak{D}_2$ 中某个边界值问题的解，其中边界值恰好是以任意方式在该问题中假设的 $T'(x(\xi),\ t(\xi))$ 值。

根据式(12-33)，对任意 $(x,\ t) \in \mathfrak{D}_i$

$$T(x,t) - T'(x,t) = \int [T(x(\xi), t(\xi)) - T'(x(\xi), t(\xi))] \mathrm{d}\rho_i(\xi; x, t)$$

式中，$\mathrm{d}\rho_i$ 是与 $\mathfrak{D}_i (i = 1,\ 2)$ 关联的度量。现在，$T(x,\ t) = T(x)$ 是时间独立

的，并且在 $\mathfrak{D}_{i0}$ 上有 $T(x,t)=T'(x,t)=T(x)$。因此

$$|T(x)-T'(x,t)|\leqslant \int_{\mathfrak{B}_i}|T(x(\xi))-T'(x(\xi),t(\xi))|\,\mathrm{d}\rho_i$$

$$\leqslant 2B(\sigma)\int_{\mathfrak{B}_i}\mathrm{d}\rho_i$$

并且利用式(12-36)，有

$$|T(x_i)-T'(x_i,t)|\leqslant 4B(\sigma)\mu t^{\frac{1}{2}}/\sigma$$

根据对自由空间中 $\nabla\cdot(C\cdot\nabla T)=T_t$ 解的赫尔德连续性估计式(12-2)，可以
$|T'(x_1,t)-T'(x_2,t)|$ 为界。将这一点与上述不等式结合，可得

$$|T(x_1)-T(x_2)|\leqslant B(\sigma)A(|x_1-x_2|/t^{\frac{1}{2}})^\alpha+8\mu B(\sigma)t^{\frac{1}{2}}/\sigma$$

对任意正的 t 均有效。选择最优的 t 值可得到一个如下形式的不等式

$$|T(x_1)-T(x_2)|\leqslant B(\sigma)A'(|x_1-x_2|/\sigma)^{\alpha/(\alpha+1)}\qquad(12\text{-}37)$$

如果在 $\mathfrak{R}$ 中有 $|T(x)|\leqslant B$，则可设置 $\sigma=d(x_1,x_2)$ 并得到式(12-3)。

附录 12A

以上所用方法可以给出更为明确的结果，例如，Hölder 指数 α 的一个明确下界。该指数采用 $\alpha=\exp[-a_n(\mu^2/c_1)^{n+1}]$ 的形式，其中 a_n 仅依赖于维数 n。不过，更为清晰的 α 估计可能采取完全不同的形式。对外部例子的数字计算也许能提供更好的说明。

时刻边界[见式(12-13)]用来控制基础解的扩散速度。基于式(12-33)和式(12-35)的一个迭代论证获得了源自式(12-13)的更强结果。在该论证中，基础解被当作许多抛物线边界值问题的解来处理，这些边界是以基础解源点为中心的一系列域。结果如下：

设 $v=[\rho/2\mu(t_2-t_1)^{\frac{1}{2}}]$，即不大于 $\rho/2\mu(t_2-t_1)^{\frac{1}{2}}$ 的最大整数，于是

$$\int_{|x_2 - x_1| \geqslant \rho} S(x_2, t_2, x_1, t_1) \mathrm{d}x_2 \leqslant (\pi/4)^{v/2}/(v/2)$$

$$\leqslant \exp\left[-\frac{1}{2}(v+1)\log(2(v+1)\pi e)\right]$$

因此

$$\int_{|x_2 - x_1| \geqslant \rho} S(x_2, t_2, x_1, t_1) \mathrm{d}x_2$$

$$\leqslant \exp\left\{-\rho \log(\rho/\pi e\mu(t_2 - t_1)^{\frac{1}{2}})/4\mu(t_2 - t_1)^{\frac{1}{2}}\right\} \tag{12-38}$$

由式(12-38)、再生同一性式(12-5)以及边界式(12-7)，可得如下形式的一个点态上界

$$S(x_2, t_2, x_1, t_1) \leqslant k(t_2 - t_1)^{-n/2} \exp\left[-k|x_1 - x_2|(t_2 - t_1)^{-\frac{1}{2}}\right.$$

$$\left.\log(k|x_1 - x_2|(t_2 - t_1)^{-\frac{1}{2}})\right] \tag{12-39}$$

另一方面，利用与给出式(12-25)的论证类似的论证，由式(12-5)和式(12-23)（或者由式(12-38)和式(12-25)类似的式子）获得以下下界

$$S(x_2, t_2, x_1, t_1) \geqslant (t_2 - t_1)^{-n/2} \phi^*\left(|x_1 - x_2|/(t_2 - t_1)^{\frac{1}{2}}\right) \tag{12-40}$$

式中，ϕ^* 是一个由 c_1，c_2 和 n 确定的先验函数。不等式 $S(x_2, t_2, x_1, t_1) \geqslant P_a P_b P_c$，其中

$$P_a = \min S\left(x_2, t_2, \bar{x}, \frac{1}{2}(t_1 + t_2)\right), \ |\bar{x} - x_1| \leqslant \rho$$

$$P_b = \min S\left(\bar{x}, \frac{1}{2}(t_1 + t_2), x_1, t_1\right), \ |\bar{x} - x_2| \leqslant \rho$$

$$P_c = \int \mathrm{d}\bar{x}, \ 其中 |\bar{x} - x_1| \leqslant \rho \ 且 |\bar{x} - x_2| \leqslant \rho$$

可被用于加强式(12-40)的迭代论证。对任意 $\varepsilon > 0$，可得

$$S(x_2, t_2, x_1, t_1) \geqslant k_1(t_2 - t_1)^{-n/2}$$

$$\exp\left[-k_2(|x_1 - x_2|/(t_2 - t_1)^{\frac{1}{2}})^{2+\varepsilon}\right] \tag{12-41}$$

式中，k_1 和 k_2 依赖于 ε（以及 c_1，c_2 和 n）。

根据式（12-38）、式（12-41）和式（12-35），只要该边界足够"驯服"，那我们就可估计向某个椭圆边界值问题解的指定边界值收敛的速度。如果存在两个正数 ρ 和 ε，使得半径 $\leqslant \rho$ 且集中在 ξ 的任意区域至少有一小部分（ε）的体积不在 $\mathfrak{B}$ 内，则称区域 $\mathfrak{R}$ 的边界 $\mathfrak{B}$ 上某点 ξ 是规则的。那么，存在由 ε，c_2/c_1 和 n 确定的常量 $\mathfrak{D}$，σ 和 β 使得对 $\mathfrak{R}$ 中满足 $|x-\xi| \leqslant \sigma\rho$ 的任意 x，有

$$T(x) \geqslant \min T(\bar{\xi}) - D\,|(x-\xi)/\rho|^{\beta}$$

$$T(x) \leqslant \max T(\bar{\xi}) + D\,|(x-\xi)/\rho|^{\beta}, \text{其中 } |\bar{\xi}-\xi| \leqslant \rho \qquad (12\text{-}42)$$

$\bar{\xi}$ 表示边界 $\mathfrak{B}$ 上的一个可变点。

由式（12-42）可知，它遵循：如果在该边界上分配的值是连续的且所有边界点都是规则的，则椭圆边界值问题的解是连续的。因为边界值是赫尔德连续的，所以该区域和边界上的解也是赫尔德连续的。

由上述估计可知，只要当 $t \geqslant t_0$ 时有 $0 \leqslant T \leqslant B$，就能相当轻松地推导出抛物线方程的某个"哈纳克不等式"

$$T(x_2,t) \geqslant F\left(T(x_1,t)/B, |x_1-x_2|/(t-t_0)^{\frac{1}{2}}\right) \qquad (12\text{-}43)$$

F 是一个由 c_1，c_2 和 n 确定的先验函数。对于 T 在以原点为中心、半径为 r 的某个区域内非负的椭圆情形，结果具有以下形式

$$|\log(T(x')/T(x))| \leqslant H(r[r-\max(|x|,|x'|)]^{-1}, |x-x'|/r) \qquad (12\text{-}44)$$

先验函数 H 由 c_2/c_1 和 n 确定。相较于式（12-43），该结果更难获得。

很显然，满足诺依曼边界条件的抛物线或椭圆问题，可以通过在诺依曼边界环境下对本章估计进行重新推导来处理，并最终获得任意典型边界形状解的赫尔德连续性。

参考文献

1. L. Nirenberg, "Estimates and uniqueness of solutions of elliptic equations," *Communications on Pure and Applied Mathematics*, vol. 9 (1956), pp. 509–30.
2. L. Ahlfors, "On quasi-conformal mapping," *Journal d'Analyse Mathématique*, Jerusalem, vol. 4 (1954), pp. 1–58.
3. E. Rothe, "Über die Wärmeleitungsgleichung mit nichtkonstanten Koeffizienten in räumlichen Falle I, II," *Mathematische Annalen*, vol. 104 (1931), pp. 340–54, 354–62.
4. F. G. Dressel, "The fundamental solution of the parabolic equation," (also *ibid.*, II), *Duke Mathematical Journal*, vol. 7 (1940), pp. 186–203; vol. 13 (1946), pp. 61–70.
5. O. A. Ladyzhenskaya, "On the uniqueness of the Cauchy problem for linear parabolic equations," *Matematicheskiĭ Sbornik*, vol. 27 (69), (1950), pp. 175–84.
6. F. E. Browder, "Parabolic systems of differential equations with time-dependent coefficients," *Proceedings of the National Acadamy of Sciences of the United States of America*, vol. 42 (1956), pp. 914–17.
7. S. D. Eidelman, "On fundamental solutions of parabolic systems," *Matematicheskiĭ Sbornik*, vol. 38 (80), (1956), pp. 51–92.
8. N. Wiener, "The dirichlet problem," *Journal of Mathematics and Physics*, vol. 3 (1924), pp. 127–46.
9. E. de Giorgi, "Sull'analiticità delle estremali degli integrali multipli," *Atti della Accademia Nazionale dei Lincei*, Ser. 8, vol. 20 (1956), pp. 438–41.
10. J. Nash, "The embedding problem for Riemannian manifolds," *Annals of Mathematics*, vol. 63 (1956), pp. 20–63.
11. J. Leray, "Sur le mouvement d'un liquide visqueux emplissant l'espace," *Acta Mathematica*, vol. 63 (1934), pp. 193–248.
12. C. B. Morrey, Jr., "On the derivation of the equations of hydrodynamics from statistical mechanics," *Communications on Pure and Applied Mathematics*, vol. 8 (1955), pp. 279–326.
13. J. Nash, "Results on continuation and uniqueness of fluid flow," *Bulletin of the American Mathematical Society*, vol. 60 (1954), p. 165.
14. J. Nash, "Parabolic equations," *Proceedings of the National Academy of Sciences of the United States of America*, vol. 43 (1957), pp. 754–58.

后　记

约翰 F. 纳什

　　我受邀为本书写"后记"，脑海中随即浮现出与本书内容及背景有关的一个想法：本书以我的研究工作和个人历史为主题，而我却有着与该书读者不同的观点。在人的整个生活经历中，实际上并不存在"可有可无"和"必不可少"的东西。一个人或许希望在生命结束、成为历史之时能够再生或进入天堂，然而最了不起的事情其实是有机会去体验存在与生命。

　　也有人认为，读者可能会对我最近的科学或学术研究感兴趣。1994 年，因为忽然之间被作为所谓"博弈论"重要贡献者而受到超出以往的高度认可，我开始参加各种会议并参与了一个研究项目，简单来讲，该项目与"纳什规划"（套用了其他人的习惯说法，这些说法涉及我在博弈论早期研究中一开始提出的一些建议）的实现有关。

　　该项目相当多的计算工作现在已经完成。这项工作的主要价值在于开发可将 MATHEMATICA ™等工具用于适当特殊规划的方法，从而通过逐次逼近来获得问题的解。美国国家科学基金会为身兼助手的一名研究生提供了一项资助，以使他进行这种类型的计算，同时根据非合作均衡中可以调查的过程来研究谈判与妥协情境的建模技术（该项目的这部分工作尚未完全开始）提供帮助。

我正在准备一份介绍该项目工作进展及其预期延续性的出版物。但在后记中详述这项工作和这些计划似乎不大合适。

还有一些想法与我在1994年秋天之前的一些研究有关，可以想象（如果不可能的话）将这些想法发展成良好的研究领域或成就。所以，我的研究活动有着更为广泛和多样化的主题。

最近我常有机会出差、参加各种会议等，这成了新近一段时期我生活的一种常态。例如，我又能看到伦敦和柏林了，并且有机会第一次看到雅典及其周边地区、耶路撒冷等。我有好几次机会对意大利的不同地区进行了相当令人耳目一新的访问。我还出差去参加了在美国举行的各种会议（自20世纪50年代以来，我就一直没参加过此类会议）。

我期待2002年对中国的首次访问，并希望至少能去青岛和北京看看。

出版说明

经济学作为一门社会科学，本质是用来解释社会经济现象的一套逻辑体系，社会科学理论贡献的大小取决于被解释现象的重要性。因此，研究世界上最大、最强国家的经济现象，从而总结成理论的经济学家，也就容易被认为是世界级的经济学家。

随着中国经济在世界地位的提升，中国经济在世界经济学研究中的重要性随之提高，当中国的经济成为全世界最大、最强的经济时，我们也将迎来中国籍世界级经济学大师辈出的时代。

诺贝尔经济学奖被视为经济学的最高奖项，诺贝尔经济学奖的历史本身就是一个绵延不断的故事，每位获奖经济学家的建树都代表了20世纪经济学取得的一个重要进展。这些散落在历史长河中的作品陈述的观点与模型，如今也许随便拿一本现行的经济学教材，读者就可以找到，但是一本好的教材可以让你迅速了解经济学家的贡献，却无法告诉你他们是如何做出这些贡献的。

"诺贝尔经济学奖经典文库"精选了从1970年至今的历届诺贝尔经济学奖获得者的代表性成果和最新成果，力求翔实反映世界经济学界对当时经济问题的关注、认识和思辨。其中不少作品反映和分析了当时存在于世界中的政治、经济以及社会发展等方面的现实问题，书中不乏作者对许多问题的激烈观点尖锐看法，我们需特别注意这些观点仅代表作者本人当时对这些问题的认识态度，并不代表我们可以全部认同作者的观点，我们需用客观辩证的态度来读这些经济学家的作品，知道这些著名的经济理论原创者最初的思想轨迹，当他们是如何引入问题、分析问题并得到结论的，从而更为客观地了解这些理论演进和产生的状况。

这套书旨在帮助广大读者掌握分析和观察、论述经济问题的科学方法，为广大读者提供一个攀登经济学知识殿堂的阶梯。希望能得到您对本书的点评，也欢迎您推荐相关图书出版，反馈信箱 hzjg@hzbook.com。

机械工业出版社华章公司经营出版中心

2015 年 1 月